KB135257

6·25 전쟁시
예비전력과 국민방위군

내일을여는지식 사회 34

6·25 전쟁시 예비전력과 국민방위군

남정옥 지음

KSi 한국학술정보[주]

이 책은 대한민국 건국 이후 새로운 병역법에 의해 시행된 대한민국 최초 예비군인 호국군(護國軍)과 6·25전쟁 시 예비전력(豫備戰力)으로 운영됐던 대한청년단·청년방위대·국민방위군·예비 제5군단의 창설 배경과 편성 그리고 이의 운용 및 활동에 대해서 살펴보는 데 있다. 이들 군사조직 및 단체들은 일제강점기 식민지를 경험했던 건국 및 건군 주역들에 의해 조직·편성되어 운영되었다.

일제강점기 풍찬노숙(風餐露宿)을 하며 항일 독립운동을 했던 대한민국 건국의 주역들은 정부가 수립되자 다시는 나라를 빼앗기는 일이 없도록 하기 위해 일련의 국방 조치들을 취해 나갔다.

이들 건국 주역들은 대한민국이 건국되자 국방력 건설, 즉 군사력 건설과 국방제도에 중점을 두고 이를 실천해 나갔다. 국가 건설과 국군 창설, 그리고 이를 뒷받침하게 될 관련법의 제정은 이를 추진하는 데 원천적(源泉的)인 역할을 하였다.

특히, 국방력 건설 분야에서 이를 위한 추진은 대한민국이 신생국임에도 불구하고 건국 및 건군 주역들에 의해 빠르게 이뤄졌다. 국군조직법이 제정되고 이에 따른 병역법과 병역법 시행령이 제정되면서 국방력 건설은 점차 그 모양새를 갖추어 나가게 되었다.

대한민국 정부 수립 직후 군사조직은 크게 정규군과 예비군으로 이뤄졌다. 정규군은 대한민국 육군과 해군으로 이뤄졌고, 예비군으로는 호국군(護國軍)이 있었다. 그러던 차 육군 항공대가 공군으로 독립하고, 해군에 해병대가 창설되면서 국군은 6·25전쟁 이전 육·해·공군에 의한 3군 체제를 갖추게 되었다.

그러나 예비군 조직 또는 군을 보좌했던 준(準)군사조직은 주한미군 철수, 여순 10·19사건, 북한의 대남(對南) 게릴라 침투, 6·25전쟁 등과 같은 국내외 안보 환경 및 국내정세에 따라 변천을 거듭하게 되었다.

즉 예비전력 확보와 주한미군 철수에 대비해 창설됐던 호국군, 국내치안 및 소요사태, 그리고 전시 예비전력 확보 차원에서 창설된 대한청년단과 청년방위대, 중공군 개입 이후 국가 위급 시 창설됐던 국민방위군, 이후의 예비 제5군단·민병대·향토예비군 등이 바로 그것이다. 이들 군사조직은 당시 시대적 안보상황을 반영하며 변화된 국방환경에 빠르게 적응하였던 것이다.

따라서 이 책에서는 대한민국이 건국된 이후 이들 예비군 또는 군사조직으로 국방법령에 의해 설치되었던 호국군, 대한청년단, 청년방위대, 국민방위군, 예비 제5군단의 창설 배경과 편성, 그리고 활동 등을 재조명하고 그 의의를 찾는 데 있다.

또한 1950년 10월 25일 종전을 앞두고 벌어진 중공군 개입으로 전황(戰況)이 급격히 악화되자, 정부가 청장년을 긴급 소개 및 보호하여 예비전력화를 목적으로 설치되었던 국민방위군에 많은 지면을 할애하였음을 미리 밝혀 둔다.

결국, 이 책에서는 이들 예비군 및 군사조직들에 대한 국방제도 및 조직의 변천사에 중점을 두고, 안보 상황의 변화에 따라 부침을 거듭하는 이들 군사조직을 재조명하는 것이다.

끝으로 출판사정이 어려움에도 이를 흔쾌히 출간해 주신 한국학술정보(주)의 채종준 사장님과 권성용 님께도 깊이 감사드린다.

6 · 25전쟁 발발 60주년을 맞이한 2010년 1월

남정옥

목차

서론

대한민국 정부 수립 이후 호국군과 청년방위대 그리고 국민방위군은 정규군이 아닌 예비군 또는 예비전력으로 조직 · 편성되어 활동하였다. 이들 조직들은 6 · 25전쟁 시 중공군 개입으로 전쟁이 전혀 새로운 국면으로 치닫게 되면서 국민방위군으로 흡수 통합되었으나, 당시 전선 상황의 긴박함 속에서 군사경험 부족과 일부 지도층의 경리부정으로 국민방위군은 해체되고 그 바통(baton)을 예비 제5군단에 인계하게 되었다.

따라서 이 책에서는 호국군 · 대한청년단 · 청년방위대에 대해 살펴보되, 논의의 중심은 어디까지나 이들 조직의 핵심역할을 했던 국민방위군을 중심으로 전개해 나가기로 하겠다. 왜냐하면 호국군과 대한청년단 그리고 청년방위대에 대해서는 그 조직과 편성을 자료 및 증언을 통해 확인이 가능하고 그 연구도 어느 정도 이뤄졌다. 그러나 국민방위군은 그 창설에서 해체되기까지 그 역사가 짧고, 중공군 개입이라는 최악의 상황에서 창설되었고, 뿐만 아니라 소위 국민방위군 사건이라는 불미스러운 일로 해체되었기 때문에 이에 대한 자료가 존안(存案)되지 않은 관계로 이의 연구가 충분히 이뤄지지 않았기 때문이다.

국민방위군(國民防衛軍: National Defense Army 또는 National

Defense Corps)은 8·15광복 이후 자생적으로 발생한 각종 군사단체와 청년단체, 그리고 정부 수립 이후 정규군 이외의 준(準)군사조직을 중공군 개입을 계기로 하나로 통합시킨 군대조직이었다.

광복 이후 남한에는 광복군과 일본군 등 다양한 군사경력을 가진 청년들이 활동하였다. 이들은 이합집산(離合集散)격으로 군사 및 청년단체들을 설립하여 청년운동 및 창군활동에 참여하였다. 이러한 단체들 중 군사단체는 건군(建軍)과 함께 흡수되었고, 각종 우익청년단체들은 1948년 정부 수립 이후 일어난 여·순 10·19 사건에 충격을 받은 이승만(李承晩, 1875~1965) 대통령의 지시에 의하여 대한청년단으로 통합·흡수되었다.

대한청년단(大韓青年團: the Korean Youth Corps)은 1948년 12월 19일 기존 청년단체들을 통합하여 창설된 이후, 조직망을 재정비 및 강화하고 간부들을 청년단 배속장교로 임관시켜, 대원들에 대한 조직적인 훈련을 실시함으로써 준군사기구로서의 조직 활동을 활발히 전개하였다. 대한청년단은 이후 호국군이 해체되자 청년방위대의 창설에 산파역(産婆役)을 하였고, 6·25전쟁 중에는 이승만 대통령과 신성모(申性模) 국방부장관의 강력한 지시에 의해 국민방위군 창설에 주도 역할을 하였다.

호국군(護國軍)은 대한민국 최초의 예비군으로 우익청년단체의 통합체인 대한청년단보다 약 2주 빠른 1948년 11월 30일 창설의 기치를 올렸다. 국방부는 호국군을 창설하자 육군본부에 호군국을 두었고, 각 연대에는 호국군고문부를 설치하였다. 서울에는 호국군사관학교를 설치하여 호국군 간부가 될 호국군 장교를 양성하기도 하였다. 그러나 호국군은 1949년 8월 31일 해체를 보게 되고, 그 바통을 대한청년단이 기간(基幹)이 되어 창설된 청년방위대에 넘겨 주었다.

청년방위대(靑年防衛隊)는 1949년 11월 초부터 창설되기 시작하였고, 호국군과 마찬가지로 육군본부에 청년방위국과 청년방위대고문단을 설치하고, 전국 각 시도별로 사단급에 해당하는 20개 방위단(防衛團)을 창설하였다. 또 청년방위대 간부 육성을 위해 1949년 12월 1일 충남 온양에 청년방위대간부훈련학교를 창설하여 방위장교를 양성하였다.[1)]

이때 대한청년단 간부들이 청년방위대간부훈련학교를 수료하고 방위장교로 임용되어 청년방위대원들에 대한 훈련을 실시하였다. 청년방위대 간부들 중에는 호국군 출신 간부들이 다수 참여하였다. 그러나 청년방위대는 1950년 4월 조직이 완성되자마자 6·25를 맞게 되어 조직이 와해되었음에도 전쟁 중 반공일선에서 많은 역할을 수행하였다. 청년방위대는 1950년 7월 전쟁 발발 1개월 후에 발표된 「비상시향토방위령」에 의해 설치된 자위대(自衛隊)의 대장과 부대장이라는 직책을 맡아 향토방위 임무를 수행하였고, 와해되지 않은 조직을 가동하여 군·경과 함께 후방지역에서 공비소탕작전에 참여하였다.

6·25전쟁 이전에 창설되었던 청년방위대는 전쟁을 거치면서 그 조직도 준군사기구에서 군사조직으로의 발전을 보였다. 그러나 청년방위대는 1950년 12월 국민방위군설치법 부칙에 "본 법 시행일로부터 청년방위대를 비롯한 유사한 군사단체는 모두 해체한다."는

---

1) 국방부, 『국방부사』 제1집, 1954, p.21.

방침에 따라 해체되고, 새로 창설된 국민방위군에 그 바통을 넘겨 주었다.

국민방위군(國民防衛軍)은 광복 이후 등장한 각종 청년단체, 예비군인 호국군, 대한청년단, 그리고 청년방위대의 조직과 인맥을 하나로 통합시키고, 그 위에 국민방위군설치법에 의한 법적인 뒷받침과 제2국민병이라는 거대한 인적자원을 바탕으로 1950년 12월 21일 창설된 군사조직이다. 국민방위군도 창설과 함께 육군본부에 국민방위국(國民防衛局: Chief of National Defense)을 설치하고, 충남 온양에 방위사관학교를 설치하여 방위군 장교들을 양성하였다.

국민방위군의 간부들은 대부분이 청년방위대의 방위장교, 대한청년단 및 학도호국단 배속장교 출신의 예비역 장교들로 이루어졌다. 이들은 국민방위군사령부 및 52개 교육대에 배치되어 근무하였다. 이처럼 국민방위군은 정규군과 한 축을 이루면서 광복 이후 존속되어 온 비정규군과 준군사기구 및 단체를 6·25전쟁 중 중공군 개입이라는 국가적 위기를 맞아 최종적으로 통합되어 그 당시 정부에서 추진하고 있던 추가 예비사단 10개 창설의 가능성을 보여 주었다.

한편 국민방위군은 세칭(世稱) '국민방위군 사건(National Defense Corps Scandal)'으로 더 잘 알려져 있다.[2)] 국민방위군 사건은 6·25

---

2) 국민방위군 및 국민방위군 사건에 대해서는 미국 자료에 많은 내용이 소개되고 있다. 본 내용에 대한 미국 자료에는 당시 한국 국내 및 군사동향을 보고하고 있는 주한미대사관과 한국에 파견된 미 중앙정보국 보고서에 언급되고 있다. 특히 국민방위군에 대한 영문 표기도 미 중앙정보국은 'National Defense Army'로, 주한미대사관 및 국무부는 'National Defense Corps'로 사용하고 있다. 또한 국민방위군 사건도 단순히 '추문(scandal)'으로 다룸으로써 정치권과의 커넥션(connection)보다는 국민방위군 간부 일부의 부정사건으로 취급하고 있다. 이에 대한 참고자료는 다음과 같다. 국방군사연구소, 『Intelligence Report of the Central Intelligence Agency』 16~17, 1997; 국방군사연구소, 『The US Department of State

전쟁 당시 국군과 유엔군이 북진을 하고 있을 때, 중공군의 개입으로 악화 일로에 있는 전황(戰況)을 타개하기 위하여 만 17~40세까지의 제2국민병역 장정 68여만 명을 소집하여 경상남북도와 제주도 지역에 편성된 52개 교육대로 이동·수용·관리·훈련하는 과정에서 국민방위군의 부실 운영과 간부들의 군수품 부정처분사건 등으로 사상자가 발생함으로써 국민의 의혹과 분노를 불러일으켜 국민방위군을 해체하고 부정을 저지른 국민방위군 간부를 극형에 처한 사건이다.

이 사건은 일부 국민방위군 간부들이 소집·수용된 제2국민병에게 사용되어야 할 예산과 군수품, 그리고 식량 등을 부정처분함으로써 아사자(餓死者)가 발생하자, 제2대 부산 피난 국회에서 '국민방위군사건 특별조사위원회'를 설치하여 조사를 벌인 결과, 국민방위군 간부의 부정과 일부 자금의 정치권 유입 등 사건이 정치권으로까지 비화되어 국민의 분노를 자아내게 하였다. 이에 따라 사건 책임 및 관련자인 국민방위군사령관 김윤근(金潤根·대한청년단장 역임) 육군준장을 비롯하여 고위 간부 및 경리책임자 5명이 사형선고를 받고, 1950년 8월 13일 대구(大邱) 근교에서 공개 처형됨으로써 국민방위군 사건은 일단 종결되었다.

그러나 당초 1·4후퇴를 전후하여 6·25전쟁 중 최대 위기를 맞아 창설된 국민방위군은 청장년을 후방의 안전한 지역으로 집단·철수시켜 예비전력 확보 및 장차 전선에 필요한 병력보충원(兵力補

Relating to the Internal Affairs of Korea』 53~59, 1999/2001; United States Department State, *Foreign Relations of the United States, 1951: Korea and China* (in two parts Part 1), (Washington D.C.: United States Government Printing Office), 1983.

充源)으로 활용한다는 건전한 목적하에 설치되었다. 국민방위군은 1950년 12월 16일 국회에서 통과한 「국민방위군설치법」에 의거 국방부가 1951년 12월 21일 대한청년단과 청년방위대를 기간으로 하고 제2국민병역을 대상으로 창설된 '후방예비부대(後方豫備部隊)'의 성격을 지니고 있었다.

이후 국민방위군은 일선 전투부대와 신병훈련소의 병력 보충과 전투임무수행 등을 수행하였으나, 국민방위군 사건으로 출범 5개월째인 1951년 4월 30일 「국민방위군폐지법안」이 국회에서 통과됨에 따라 동년 5월 5일 새로 창설되는 '예비 제5군단'[3]에 그 임무를 인계하고 1951년 5월 12일 공식 해체되었다.

국민방위군은 미국의 주방위군(National Guard)[4] 및 예비군과 그 기능과 성격 면에서 유사하다.[5] 이러한 점에서 국민방위군 창설은 미국의 이해를 돕고, 나아가 미국의 군사원조를 염두에 두고 내린 결정으로 보인다. 또 국민방위군 창설은 당시 미군의 철군이라는 어려운 상황을 타개하기 위해 한국이 할 수 있는 최선의 방안이었다. 한국은 이제까지 준군사기구로서 치안유지 및 모병활동 등에 동원하였던 청년 단체의 활동 범위를 확대하여,[6] 전 국민을 대상으

---

3) 「육본 일반명령 제51호」(1951. 5. 2) 의거 1951년 5월 5일부로 국민방위국을 해체하고, 대구에 제5군단(예비군단) 사령부 및 예비사단을 창설하였다. 예비사단으로는 제101사단(마산), 제102사단(통영), 제103사단(울산), 제105사단(창녕), 제106사단(여수) 등이 있다. 간부 양성을 위해 육군예비사관학교도 창설하였다.

4) 미국의 주방위군(National Guard)은 18세 이상의 시민권을 가진 신체 건강한 남자로 구성된다. 이들은 주로 사병으로 편성되고, 각 주의 주지사가 사령관이 된다. 그러나 전시 연방군에 편입되면 대통령이 통수권자가 된다. Michael Martain and Leonard Gelber, *Dictionary of American History*(Totowa, N.J.; Littlefield, Adams & Co, 1965), p.400.

5) 국방군사연구소, 『Intelligence Report of the Central Intelligence Agency』 16, 1997, p.605.

6) 부산일보사, 「전 국방부 정훈국장 이선근 준장 증언」, 『임시수도 천일』 상, p.196. 해방정국

로 한 국민방위군을 창설함으로써 국민총력전 체제로의 발전가능성을 보여 주었다. 이는 당시 중공군의 개입으로 급변하는 정세 속에서 국가의 총 역량이 요구되는 시점에 정부가 이를 국방정책으로 적극 추진한 결과이다.[7)]

이렇게 국민방위군 창설을 적극 추진하게 된 동기는 정부가 전쟁 초기 인력관리의 실패를 되풀이하지 않으면서 잠재전력인 장정(壯丁)들을 효과적으로 관리하여 이들의 무장을 추진하고, 나아가 향후 가변적 전세(戰勢)를 안정시켜 이를 토대로 예비사단을 창설하여 독자적인 방위력을 갖춘다는 장기적인 전략에서 비롯되었다.[8)]

이에 따라 국방부는 국민방위군설치법에 의해 만 17세부터 40세까지의 제2국민병역 대상 장정들을 소집하여, 전쟁 초기 북한군이 침범하지 못한 경상남북도와 제주도 지역에 설치된 52개 교육대에 수용시켜 교육훈련을 실시하였다. 교육대는 경상도 및 제주도의 각 학교시설 등에 주로 수용된 제2국민병들에 대한 기초 군사훈련을 실시하였다. 이 중 신체가 건강한 자는 현역으로 입대하기도 하고, 또 방위군 장교가 되기 위해 간부학교에 입교하기도 하였다. 그러나 이동 및 수용, 그리고 교육대 훈련과정에서 시설부족과 국민방

이후 청년 및 청년단체는 사회단체로 정부의 비공식기구임에도 불구하고 모병업무, 치안유지, 공비토벌 등 각종 궂은일을 도맡아 처리하였다. 이들 우익청년단체로는 국민회청년단(국총), 대동청년단(대동), 대한독립청년단(독청), 서북청년회(서청), 조선민족청년단(족청), 청년조선총동맹(청총) 등이 있었으나, 정부 수립 이후 이승만 대통령의 지시로 이들 단체는 대한청년단(한청)의 단일 청년단체로 통합되어 6·25를 맞게 되었다.

7) 중공군 개입과 유엔군 철수 속에 이루어지는 1·4후퇴의 연장선에서 국방부는 서울시민의 소개와 장정들의 대거 남하, 그리고 동해안과 서해안에 각종 유격부대의 운용 등 국민총력전 체제로 들어가고, 미국도 50년 12월 16일 국가비상사태를 선포하는 등 새로운 전쟁에 대비하게 된다.

8) 국방군사연구소, 『The US Department of State Relating to the Internal Affairs of Korea』 56, 1999, p.578.

위군 일부 간부의 부실경영 및 부정사건, 그리고 기아와 동상 등으로 인하여 1,234명이 사망하는 불상사가 발생하였다.[9)]

국방부에서는 제2국민병역으로 등록한 약 240만 명의 장정(壯丁) 중 소집 대상인 68여만 명[10)]을 관장하기 위해 국민방위군사령부의 설치와 이들을 지도·감독할 상급기관으로 육군본부에 국민방위국(國民防衛局)을 설치하였다. 또 국민방위군은 창설하면서부터 바로 전투부대 편성에 들어가는 등 1·4후퇴와 같은 급박한 상황 속에서 예비인력 전력화를 위해 제반 조치를 신속히 취해 나갔다.

국민방위군사령부(國民防衛軍司令部)는 1951년 1월 17일 육군본부 지시에 의거하여 국민방위군 제1사단을 대구에 편성하고,[11)] 국민방위군 제3연대를 경북 영천에서 편성·완료하였다.[12)] 국민방위군 제3연대는 1951년 2월 중순부터 전개된 안동지역 공비소탕작전 책임부대인 국군 제2사단에 배속되어 작전에 참가하였다. 그 결과 국민방위군 제3연대는 3월 19일 경북 진보지역 전투에서 공비 400여 명과 교전하여 이들을 격퇴하는 전공을 세웠다. 그 후 국민방위군 제3연대는 태백산지구 전투사령부[13)]에 배속되어 공비소탕작전, 수색정찰, 주보급로 경계임무 등 후방지역작전에서 활약하였다.

---

9) 『동아일보』 1951. 7. 31.

10) 국민방위군 예산 편성 시 잠정병력으로 50만 명을 고려한 것이 원인이 되어, 이후 모든 자료에서는 국민방위군 병력을 50만 명으로 기록하고 있는데 이는 잘못된 것이기에 정정한다. 실제로 소집된 병력은 68만 명이었고, 국민방위군으로 소집된 제2국민병의 실제 수용인원은 29여만 명이다. 『동아일보』 1951. 7. 31.

11) 1951년 1월 3일부로 국민방위군 제1사단장에 김응조 대령을 임명한다. 「육본특별명령(갑) 제4호」 1951. 1. 2.

12) 국민방위군 제3연대장으로 활동한 김무룡(金武龍) 중령에 대한 장교자력표가 없는 것으로 보아, 그는 현역 육군중령이 아닌 방위중령(防衛中領)으로 판단된다.

13) 전투사령관 육군준장 이성가(李成佳).

그럼에도 국민방위군 연구는 대부분 사건 중심으로 이루어졌다. 이는 사건이 발생하면서부터 국회특별조사위원회의 조사와 군 수사기관의 수사로 그 전모가 확실히 밝혀졌고, 이러한 내용도 언론의 집중 보도를 통해 국민의 궁금증을 그때그때 풀어 준 결과이다. 또 조사 및 수사결과에 의해 사건 관련 장관 및 군 최고책임자를 교체하고, 그리고 사건 관련 책임자를 사형이라는 극형에 처함으로써 국민방위군 사건이 비교적 명쾌하게 처리되었기 때문이다. 따라서 국민방위군 연구는 사건 중심의 기록들이 많을 수밖에 없었다. 이들 국민방위군 사건 자료로는 국회속기록,[14] 신문기사,[15] 연구[16] 및 증언자료,[17] 그리고 회고록 및 수기[18] 등이 있다.

그러나 국민방위군 사건과는 달리 순수한 국민방위군 연구는 자료 접근의 한계, 그리고 그동안 관심 부족으로 연구가 전혀 이루어

---

14) 「제9회 국회임시회의 속기록」(5호, 6호, 15호) ; 「제10회 국회정기회의 속기록」(6, 7, 13, 14, 15, 16, 17, 64, 69, 75, 76호) ; 「제11회 국회임시회의 속기록」(5, 36, 38, 83호).

15) 『동아일보』, 『조선일보』, 『경향신문』 1950. 12. 19～1951. 5. 22.

16) 김세중, 「국민방위군 사건」, 『한국과 6・25전쟁』, 연세대 현대한국학연구소, 2000; 중앙일보사 편, 「국민방위군 사건」, 『민족의 증언』 제3권, 을유문화사, 1972 ; 동아일보사 편, 『비화 제1공화국』 제2권, 홍우출판사, 1975 ; 부산일보사 편, 「국민방위군 사건」, 『임시수도 천일』 상, 부산일보사, 1983 ; 홍사중, 「국민방위군 사건」, 『전환기의 내막』, 조선일보사, 1982.

17) 국방부 군사편찬연구소 소장, 『한국전쟁 참전자 증언록』 중 당시 사건과 관계있는 증언 자료는 다음과 같다. 김태청(국민방위군 사건 담당 검찰관), 이종찬(국민방위군 재판 당시 육군 총참모장), 이선근(국민방위군 사건 제1차 재판장), 최경록(국민방위군 사건 당시 헌병사령관), 김석원(육본특명 검열단), 정일권(사건 당시 육군총참모장이자 재판 증인) 등의 「증언록」이 있으나 본 사건과 관련한 결정적인 내용은 없다.

18) 김태청, 「국민방위군의 기아행진」, 『신동아』 1970. 6, 동아일보사, 1970 ; 해방20년사 편찬위원회 편, 『해방20년사』, 희망출판사, 1965 ; 김교식, 『광복 20년』 제14권, 계몽사, 1972 ; 류재신, 『제2국민병』, 책과공간, 1999 ; 김석원, 『노병의 한』, 육법사, 1977 ; 백선엽, 『군과 나』, 대륙연구소 출판부, 1989 ; 이형근, 『군번 1번의 외길 인생』, 중앙일보사, 1993 ; 유재흥, 『격동의 세월』, 을유문화사, 1994 ; 한신, 『신념의 삶속에서』, 명성출판사, 1994 ; 이한림, 『세기의 격랑』, 팔복원, 1994 ; 송도영(외), 『20세기 서울 현대사』, 서울학연구소, 2000.

지지 못했다. 이의 가장 큰 요인은 자료의 생산 주무부처인 군(軍)에 국민방위군 관련 자료가 현존하지 않은 데에 그 원인이 있다.[19] 현재 국방부와 육군본부에서 소장하고 있는 국민방위군 관련 자료는 『일반명령철』·『특별명령철』,[20] 『작전명령』, 『전투상보』, 그리고 『작전일지』[21] 등이 전부이다. 또한 국민방위군을 소개하고 있는 공간사가 있긴 하지만 내용이 빈약할 뿐 아니라 수량마저 얼마 되지 않는다.[22]

그 결과 이들 자료에는 국민방위군 연구의 단초가 될 국민방위군 조직과 편성에 도움을 줄 기록은 눈에 띄지 않는다. 국민방위군의 '편성 및 장비 분배표'와 각 교육대 편성 및 지휘관 인적사항에 관한 자료도 불과 몇 건에 불과할 뿐이다.[23] 이에 따라 국내자료에 의한 국민방위군 편성 및 조직에 대해서는 각종 자료에서 편린(片

19) 국민방위군 및 사건 관련 자료 중 존안(存案)된 자료로는 『국민방위군 사건 판결문』, 『국민방위군 사령관 및 부사령관 장교 자력표』, 『국민방위군 장교연명부』(3,288명), 『국민방위군 전사자명부』 등이 있으나, 『국민방위군 사건 조사 및 수사기록』, 『국민방위군 예심조서』, 『국민방위군 재판기록』 등은 존안되지 않고 있다.

20) 육군본부 내 「국민방위국 설치 명령」(국본 일반명령(육) 제6호, 1951. 1. 10) ; 「국민방위국에 특별명령 발령권」(국본 일반명령(육) 제21호, 1951. 2. 1) ; 「국민방위군에 대한 고등 및 특설 군법회의 설치권」(국본일반명령(육) 제80호, 1951. 4. 22) ; 「국민방위군 재산정리위원회 해체」(육본 일반명령 제103호, 1952. 6. 5) ; 「예비 제5군단 창설」(육본일반명령 제51호, 1951. 5. 2).

21) 『전투상보』와 『작전일지』에는 국민방위군 제3연대의 전투임무활동에 대한 기록이 있다. 또한 국민방위군 제3연대의 작전활동 및 배속관계 자료는 다음을 참고할 것. 국방부 전사편찬위원회, 『한국전쟁사』 제5권, 1971 ; 국방부 전사편찬위원회, 『대비정규전사, 1945~1960』, 1988 ; 「육본 훈령 제160호」, 1951. 1. 17 18:00 ; 「육군작명 제258호」, 1951. 1. 30 08:00 ; 「육본작전지시 제42호」, 1951. 2. 2 13:00 ; 「육본작전계획 제24호」, 1951. 4. 29 12:00.

22) 국방부, 『국방부사』 제1집, 1954 ; 육군본부, 『육군발전사』 상, 1970 ; 국방군사연구소, 『한국전쟁』 중, 1987 ; 국방군사연구소, 『국방정책 변천사, 1945~1994』, 1995.

23) 국민방위군의 편성과 지휘체계, 그리고 활동에 관한 자료로는 『일반·특별명령철』, 『작전명령』, 『전투상보』, 『작전일지』, 『회고록』, 『장교자력표』, 『임관현황철』, 『한국전쟁사』, 『동아일보』, 『조선일보』, 『영남일보』, 『제주신보』 등에서 발췌하였다.

鱗) 조각을 하나씩 모아 모자이크를 완성해 나가는 식의 연구방법을 취할 수밖에 없었다.

그러나 국외자료 중 국민방위군에 관한 기록들이 주한미국대사관의 한국 국내 상황 보고와 관련하여 미국 국무부와 국방부, 그리고 백악관의 지시내용을 자료집으로 집대성하여 1997년부터 국방부 군사편찬연구소가 『한국전쟁총서』로 발간하고 있는 『국내상황관계문서』와 미 중앙정보국(CIA)의 『정보 보고서』에 수록되어 본 연구에 많은 도움을 주었다. 이 외에도 미 국무부가 발간한 『미국대외관계문서집』(*FRUS: Foreign Relation of United States*)에도 국민방위군 관련 기록들이 수록되어 있다.[24)]

이처럼 국민방위군 연구는 본 과제가 '한국전쟁 미정립과제'라는 연구배경이 시사하고 있듯, 자료수집단계에서부터 어려움을 예견(豫見)케 하였다. 그러나 국민방위군 연구를 더 이상 지체해서는 안 될 뿐만 아니라 연구방향도 사건 중심에서 탈피하여 '국민방위군사(國民防衛軍史)'라는 사적(史的) 접근방법에 의해 추진되어야 한다는 본 연구의 취지에 맞도록 연구목적과 방향을 설정하였다.

즉 본 연구가 군사사(軍事史) 분야에 중요한 병역제도에 지대한 영향을 미쳤고, 또 한국군 전력증강의 목표인 추가 10개 예비사단 창설과 건국된 지 2년 만에 치른 전쟁에서 68만 명이라는 대규모

---

24) 국방부 군사편찬연구소에서 발간한 미 중앙정보국 보고서인, 『Intelligence Report of the Central Intelligence Agency』는 제16・17・18권 등 3권이고, 미 국무부 한국전쟁관계문서인 『The US Department of State Relating to the Internal Affairs of Korea』는 제53・54・55・56・57 ・58・59권 등 7권이고, 그리고 미국 대외관계를 다루는 외교문서 자료인 미 국무부의 *Foreign Relations of the United States, 1951: Korea and China*는 국내자료의 부족을 보완해 주었다. 이들 자료에는 주로 국민방위군 창설 배경과 성격을 규명하는 내용이 다수 포함되어 있다.

병력을 일시에 동원했다는 당시의 상황을 고려하여 연구를 진행하였다.

따라서 본 연구의 근본 목적도 국민방위군 사건이 주는 역사적 교훈을 최대한 살리면서, 국민방위군의 창설 배경에서부터 편성과 지휘체계, 활동, 사건발생과 해체, 그리고 예비 제5군단으로 이어지는 국민방위군의 역사를 명확히 밝혀 국민방위군 창설 당시의 근본 취지를 이해시키고, 아울러 제2국민병으로 소집되었거나 희생된 분들의 명예를 고취시키는 데 있다.

제1장

대한민국 정부 수립 이후 병역제도와 전시 병력충원

1. 병역법 제정과 병역제도

대한민국 정부 수립 이후부터 국민방위군 창설 이전까지 병역관계 법령으로는 1949년 1월 20일 대통령령 제52호로 공포된 「병역임시조치령(兵役臨時措置令)」, 1949년 8월 6일 법률 제41호로 공포된 병역법, 1950년 2월 1일 대통령령 제281호로 공포된 「병역법시행령(兵役法施行令)」, 1950년 7월 22일 대통령령(긴급명령) 제7호로 공포된 「비상시향토방위령(非常時鄕土防衛令)」, 1951년 5월 25일 법률 제203호로 공포된 「1차개정 병역법」, 그리고 1950년 12월 21일 법률 제172호로 공포된 「국민방위군설치법(國民防衛軍設置法)」 등이다. 한국전쟁기 적용된 병역법은 1948년 8월 6일 법률 제41호로 공포된 「병역법」이다.

국방부는 1948년 7월 17일 헌법 제정에 따라 법률 제1호로 공포된 정부조직법[1]에 의거 중앙행정부서로 정식 발족되었다.[2] 이어

1) 정부조직법은 총 6장 및 부칙 포함하여 19조로 편성되었다. 조직법에 나타난 행정부서는 내무부를 비롯하여 11개부로, 이 중 국방부는 제3장 행정각부에 해당하는 제17조 "국방부장관은 육·해·공군의 군정을 장악한다."라고 규정되어 있다. 국방관계법령집 발행본부, 『국방관계법령 및 예규집』 제1집, 1950, pp.22－28.

2) 국방부는 1948년 7월 17일 정부조직법에 의해 탄생되었지만, 실제로 국방부장관 취임식은

국군 조직의 근간이 될 「국군조직법」이 1948년 11월 30일 법률 제9호로 공포되었고,[3] 1948년 12월 7일에는 국군조직법에 근거하여 국방부 본부와 육군 및 해군본부의 직제(職制)를 규정한 「국방부직제령(國防部職制令)」이 대통령령 제37호로 공포되어 시행되었다.[4]

이처럼 정부 수립 이후 국방관계 법령이 제정・공포되고, 이에 따라 국방 최고기구인 국방부 및 각 군 본부의 직제 정비가 이루어지자, 1948년 7월 17일 국방부는 「제헌헌법」[5]이 명시하고 있는 병역의무를 시행할 병역법 및 동법(同法) 시행령 제정을 서두르게 되었다.

6・25전쟁 이전 병역관계 법령으로는 1949년 1월 20일 대통령령 제52호로 공포된 「병역임시조치령(兵役臨時措置令)」과 1949년 8월 6일 법률 제41호로 공포된 「병역법(兵役法)」이 있다. 또 병역법 시행상 필요로 하는 세부절차를 마련하기 위해 1950년 2월 1일

정부 수립 다음 날인 8월 16일 조선경비대사령부 영내에서 거행되었다. 또 국방부의 창설은 1948년 8월 31일 이루어지고, 미군으로부터 조선경비대 지휘권 인수도 9월 1일 거행되었다. 그리고 9월 5일 조선경비대와 해안경비대가 각각 대한민국 육군과 해군으로 편입되면서 국군도 창설되었다. 국군관계법령에 대한 제정은 이러한 조치가 이루어진 뒤에 나온다. 즉 1948년 국군조직법, 1949년 병역임시조치령 및 병역법이 그것이다. 병무청, 『병무행정사』 상, 1985, pp.817－818.

3) 국군조직법은 총 7장 23개조 및 부칙으로 편성되었다. 제1장 총칙, 제2장 국방부, 제3장 육군, 제4장 해군, 제5장 공군, 제6장 군인의 신분, 제7장 기타, 부칙으로 구성되었다. 손성겸(외), 『국방관계법령 및 예규집』 1, 국방관계법령집 발행본부 1950, pp.115－119 ; 또 국군조직법의 기초는 당시 최용덕(崔用德) 국방부차관의 임시보좌관으로 있던 신응균(申應均, 후에 육군중장) 항공대 이등병이 국방부 참모총장 채병덕(蔡秉德) 대령의 특별지시에 의해 작성하였다. 국방부, 『국방부사』 제1집, 1954, p.152 ; 병무청, 『병무행정사』 상, p.252.

4) 국방부직제령(이하 '직제령'으로 약기)은 총 34조와 부칙으로 되어 있다. 직제령에는 국방부에 국방부본부와 육군본부 및 해군본부를 두고, 국방부본부에는 비서실, 제1・2・3・4국 및 항공국을 둔다. 육군본부에는 인사국, 정보국, 작전교육국, 군수국, 호군국 및 11개 감실을 둔다. 해군본부에는 인사교육국, 작전국, 경리국, 함정국, 호군국 및 5개 감실(監室)을 둔다. 이 외에 국방부 연합참모회의(連合參謀會議)를 둔다. 국방부, 『국방부사』 제1집, p.153 ; 국방관계법령집 발행본부, 『국방관계법령 및 예규집』 제1집, pp.125－130.

5) 1948년 7월 12일 제정되고 동년 7월 17일 공포된 제헌헌법은 전문 10장 103조로 편성되어 있다. 국방의 의무는 제2장 '권리와 의무' 마지막 조항인 제30조에 명시되어 있다. 국방관계법령집 발행본부, 『국방관계법령 및 예규집』 제1집, pp.2－16.

대통령령 제281호로 「병역법시행령」을 제정하였다.[6] 1951년 5월 25일에는 「병역법 1차 개정안」이 법률 제203호로 공포된 이후 6·25전쟁이 끝날 때까지 병역법 개정은 없었다.[7]

1949년 1월 20일 공포된 「병역임시조치령」(이하 '임시조치령'으로 약칭)은 대통령 긴급명령으로 병역법이 시행될 때까지 적용되는 한시적(限時的) 법령이었다. 임시조치령은 미군 철수에 대비하여 예비군을 확보할 목적으로 취해진 긴급조치로서 대한민국 최초의 예비군인 '호국군(護國軍)'은 이에 근거를 두고 창설되었다가, 1949년 8월 6일 법률 제41호로 공포된 「병역법」에 의해 폐지되었다.[8]

임시조치령은 전문 4장 41조로 구성되어 있으며 지원제를 규정하고 있다. 병역(兵役)은 현역과 호국병역[9]으로 구분하였고, 복무연한은 2년으로 하되 호국병역[10]의 복무기간은 현역기간에 통산시키고 있다. 병원(兵員)모집은 매년 만 17세 이상 만 28세까지로 군사교육이나 청년단체에서 훈련을 받은 자(者)를 대상으로 모집하였다. 병원모집을 위한 기관으로는 육군총참모장(陸軍總參謀長·1956년부터 직제 개편에 따라 '육군참모총장'으로 개칭)의 통제를 받는

---

6) 본령(令)은 전문 5장 97조로 구성되었다. 본령의 특징은 향토사단을 육성하여 병원(兵員)을 확보하고, 이를 위한 병무행정의 지방행정관서를 행정구역과 경찰관서로 규정하고 있는 점이다. 그러나 본령은 6·25전쟁 발발로 인하여 대부분 그 실현을 보지 못하였다. 병무청, 『병무행정사』, p.71.

7) 전쟁 이후 병역법 개정은 1957년 8월 15일 법률 제444호로 공포된 제2차 개정이다. 이 법률은 병역법의 전문개정으로서 그간 운영해 본 결과 실정에 맞지 않는 규정을 감안하여 1955년 4월 1일 국무회의에서 의결한 '병무행정 쇄신요강'을 모체로 이루어졌다. 이 병역법개정안은 1955년 9월에 제출되어 2년간의 심의를 거친 후 1957년 7월 31일 국회를 통과하여 동년 8월 15일 공포되었다. 병무청, 『병무행정사』 상, p.46.

8) 병무청, 『병무행정사』 상, p.36.

9) 호국병역은 전시·사변 또는 본인의 지원에 의하여 현역에 편입할 수 있었다. 「임시조치령 제3·4조」.

10) 호국병역 장교의 복무연한은 5년, 하사관은 3년이다.

'초모구(招募區)'와 초모구 초모위원장의 통제를 받는 검사구(檢查區)가 있었다.[11] 검사구에는 '초모구모병서(招募區募兵署)'를 두어 초모사무(招募事務)를 담당하게 하였다.[12]

임시조치령에 이어 1949년 8월 6일 법률 제41호로 「병역법」이 공포되었다. 「병역법」은 1949년 7월 15일 국회에서 통과되어 동년 8월 6일 공포된 것으로 대한민국 최초의 병역법이다. 이 법은 독일·프랑스·자유중국 등 여러 나라 병역제도의 장점과 우리나라의 현실을 고려하여 제정된 것으로 전문 8장 81조 부칙으로 구성되어 있다. 이 법의 특징은 남자는 의무병제를, 여자는 지원제를 채택하고 있다는 사실이다.[13]

병역법에 나와 있는 병역(兵役)은 상비병역(常備兵役), 호국병역(護國兵役), 후비병역(後備兵役), 보충병역(補充兵役), 그리고 국민병역(國民兵役)으로 구분하고 있다. 그중에서 상비병역은 현역 및 예비병역으로, 보충병역은 제1보충역 및 제2보충역으로, 그리고 국민병역은 제1국민병역과 제2국민병역으로 다시 분류하고 있다.[14]

현역(現役)은 현역복무를 지원하거나 현역병으로 징집된 자(者)와 호국병으로 현역에 편입된 자로 복무기간은 육군은 2년, 해군은 3년으로 하고 복무 기간 중에는 재영(在營)함을 원칙으로 하고 있

---

11) 육군본부에는 육군총참모장을 위원장으로 하는 '육군중앙초모위원회'를 두었고, 각 초모구에는 '초모위원회'를 두어 초모 사무 업무를 관장하였다.

12) 병무청, 『병무행정사』 상, pp.37－38.

13) 병역법 제1조에는 "대한민국 국민된 남자는 본 법이 정하는 바에 의하여 병역에 복(服)하는 의무를 진다."라고 규정하고 있고, 제2조에는 "대한민국 국민된 여자 및 본 법에 정하는 바에 의하여 병역에 복하지 않는 남자는 지원에 의하여 병역에 복(服)할 수 있다."라고 규정하고 있다. 국방관계법령집 발행본부, 『국방관계법령 및 예규집』 제1집, p.279.

14) 「병역법 제3조」, 1949. 8. 6 ; 국방관계법령집 발행본부, 『국방관계법령 및 예규집』 제1집, p.279.

다. 현역을 필한 후에는 예비병역,[15] 후비병역,[16] 그리고 마지막으로 제1국민병역에 편입된다. 따라서 정상적인 장정이 현역을 거쳐 마지막인 제1국민병역까지 이르는데 육군과 해군 공히 현역을 포함 18년이 소요된다. 그러나 6·25전쟁 당시 제2국민병으로 소집된 자도 현역에 편입되었고, 복무연한도 준수되지 않았다.

예비병역(豫備兵役)은 현역이나 호국병역을 필한 자가 편입되며, 복무기간은 육군은 6년, 해군은 5년이다. 후비병역(後備兵役)은 예비병역을 필한 자가 편입하며, 복무기간은 육·해군 공히 10년이었다. 호국병역(護國兵役)은 실역(實役)에 적합한 자로서 현역에 소집되지 않고, 호국병으로 징집된 자이다.

〈표 1〉 1949년 「병역법」상의 역종 및 취역구분

구분	역종(役種)	복무연한		취역(就役) 구분
		육군	해군	
제1항	현 역	2년	3년	현역병으로 징집된 자 및 호국병으로 편입된 자가 이에 복무한다. 현역병은 재영한다.
제2항	예비병역	6년	5년	현역 또는 호국병역을 필한 자가 이에 복무한다.
제3항	후비병역	10년	10년	예비병역을 필한 자가 이에 복무한다.
제4항	호국병역	2년	3년	현역에 적합한 자로서 호국병으로 징집된 자로서 특별한 명령 외에는 자택에서 기거함을 원칙으로 한다.
제5항	제1보충병역	14년	1년	실역에 적합한 자로서 그 연소요(年所要)의 현역 및 호국병역의 병원 수(兵員數)를 초과한 자 중 소요의 인원이 이에 복무한다.
제6항	제2보충병역	14년, 제1보충병역을 필한 자는 13년	·	실역에 적합한 자로서 현역, 호국병역 또는 제1보충병역에 징집되지 아니한 자와 해군의 제1보충병역을 필한 자가 이에 복무한다.
제7항	제1국민병역	·	·	후비병역을 필한 자와 군대에서 정규의 교육을 필한 제1 및 제2보충역으로 해병역을 필한 자.
제8항	제2국민병역	·	·	상비병역, 호국병역, 후비병역, 보충병역과 제1국민병역에 있지 아니한 연령 만 17세부터 만 40세까지의 남자.

자료: 국방관계법령집 발행본부, 『국방관계법령 및 예규집』, 보성사, 1950, pp.280-281.

15) 육군은 6년이고 해군은 5년이다.

16) 복무기간 10년이다.

호국병은 과거 방위병이나 현재의 공익근무요원과 근무방식이 비슷하였다. 이들은 특별한 명령이 없는 한 자택에서 기거하며 군 복무를 행하였다. 호국병역제도는 1951년 5월 25일 병역법 개정(법률 제203호)에 의하여 폐지되었다.[17)]

보충역(補充役)은 제1보충역과 제2보충역으로 분류된다. 제1보충역은 실역(實役)에 적합한 자로 그해 소요되는 현역이나 호국병역의 실수요를 초과한 자가 대상이 되며, 복무기간은 육군이 14년, 해군이 1년이다. 제2보충역은 실역 대상자 중 현역과 호국병역, 그리고 제1보충역으로 징집되지 않은 자와 해군에서 제1보충역을 필한 자가 이에 해당되며, 복무기간은 육군이 14년이고 해군은 13년이었다.

국민병역(國民兵役)은 제1국민병역과 제2국민병역으로 구분되는데, 그 의미는 정반대 개념이다. 제1국민병역은 모든 병역을 필한 현역과 호국병역, 그리고 보충역이 이에 해당되었고, 제2국민병역은 상비병역, 호국병역, 후비병역, 보충병역, 제1국민병역을 필하지 않은 만 17~40세까지의 남자를 말한다. 즉 제2국민병은 군 복무 경험이 전혀 없는 남자가 이에 해당된다. 6·25전쟁 시 국민방위군설치법에 의거 국민방위군으로 소집된 자가 바로 이들 제2국민병들이다. 국민방위군 창설 이전 제2국민병 소집과 등록이 1950년 7월과 11월에 있었다.

또한 징병검사(徵兵檢査)는 매년 9월 1일부터 다음 해 8월 31일까지 만 20세에 달한 남자를 대상으로 실시하고, 그 결과에 따라 징집되었다. 소집은 호국병, 예비병, 후비병, 보충병, 국민병을 전

17) 병무청, 『병무청사』 상, p.218.

시, 사변, 기타 필요시에 동원하도록 되어 있었다.

병무행정은 1948년 12월 7일 대통령령 제37호로 공포·시행된 국방부직제령에 의하여 제1국이 담당하였다. 국방부 제1국은 병역관계 법령과 정책을 수립하여 시행하였다.[18] 또 1949년 9월 1일 육군본부에는 병무국(兵務局)을 설치하고, 각 도청 소재지에 병사구사령부(兵事區司令部)를 설치하여 병무행정과 병력동원업무를 전담하게 하였다. 특히, 병사구사령부는 지방병무행정기구로서 제2국민병 등록을 비롯한 징병제 실시에 관한 업무를 관장하였다.[19]

최초의 징병검사가 1950년 1월 6일부터 10일간 전국적으로 실시되어 제1차로 2천여 명이 응소하였다.[20] 그러나 국군의 '10만 명 정원제'에 묶여 1950년 3월 징병제가 지원병제로 바뀌면서 1950년 3월 15일 병역과 동원 업무를 담당하던 육군본부 병무국과 병사구사령부마저 해체시켰다. 이로써 전쟁 발발 시까지 동원업무를 담당할 병무행정부서는 하나도 없었다.

또한 전쟁에 대비한 '민간인 철수계획'이나 '국가동원계획' 등 비상계획도 없었다. 그 결과 전쟁이 발발하자, 정부는 군 및 피난민에 대한 통제를 효과적으로 할 수 없었다. 정부는 뒤늦게 전쟁에 필요한 조치를 취해 나갔다. 즉 1950년 7월 8일 전라남북도를 제외한 전국에 '비상계엄'을 선포하고, 이어 7월 22일에는 대통령령(긴급명령) 제7호인 「비상시향토방위령(非常時鄕土防衛令, 이하

---

18) 국방부 병무국은 1951년 8월 14일 「국방부 일반명령 제38호」에 의거 동년 8월 25일 부산에서 창설되었다.

19) 병사구사령부(兵事區司令部)는 사령관 아래 참모장을 두고 그 아래에 행정과·병무과·동원과·원호과 4과로 편성되었고, 정원은 장교 12명, 사병 48명 등 총 60명으로 편성된 병무행정 부대이다. 병무청, 『병무행정사』 상, p.198.

20) 병무청, 『병무행정사』 상, p.264.

'향토방위령'으로 약칭)」을 공포하여 만 14세 이상의 모든 남자는 향토방위의 의무를 지도록 하였다.[21)]

향토방위령은 전쟁에 의한 비상사태를 맞아 국민의 자위조직인 자위대(自衛隊)를 강화함으로써 향토를 방위하고 공공의 안녕질서를 유지하기 위한 대통령 긴급명령으로서 전문 19조로 구성되어 있었다. 자위대는 마을(部落) 단위로 조직하고, 자위대원은 당해 부락에 거주하는 17～50세 이상의 남자 중 자위대장이 선임하되, 가급적 청년방위대원이나 대한청년단원을 선임하도록 하였다. 자위대 대장(隊長)과 부대장은 청년방위대원 중에서 관할 경찰서장이 임명하도록 하였다. 자위대의 임무는 북한군, 공비, 기타 이에 협력하는 자의 동태에 관한 정보를 수집・연락하면서 부락의 방위와 방범활동도 병행하였다. 자위대원은 주 3회 이상, 1회 2시간 이상의 훈련을 받도록 했고, 근무 중에는 죽창, 곤봉 또는 관에서 지급한 무기를 휴대하였다. 특히 이 영(令)에서 규정하고 있는 만 14세 이상의 국민을 대상으로 하는 향토방위 의무[22)]에 따라 낙동강전선에서 국군에 자원했던 14～17세의 소년지원병도 향토방위령에 근거한 것으로 판단된다. 향토방위대(자위대)는 1951년 4월 30일 국민방위군 사건과 관련하여 국회에서 해체법안이 통과되자 해산되었다.[23)]

한편 정부에서는 병역법과 임시 법령조치에 따라 '제2국민병'을

---

21) 1950년 7월 26일 「대통령령(긴급명령) 제6호」로 「징발에 관한 특별 조치령」과 「국방부령 임시 제1호」로 「징발에 관한 특별조치령 시행규칙」을 공포하여 전쟁에 필요한 자원을 동원할 수 있는 법적인 조치를 취하였다.

22) 병무청, 『병무행정사』 상, pp.163－164.

23) 국방부전사편찬위원회, 『한국전쟁사』 제5권, 1971, pp.925－926 ; 국방군사연구소, 『Intelligence Report of the Central Intelligence Agency』 16, 1997, p.605. 미국 CIA는 1951년 5월 12일 보고서에서 한국 국회는 국민방위군과 향토방위대(Home Defense Corps)의 해체안에 투표했다고 보고하고 있다.

소집하였으나, 정상적인 소집이 이루어지지 않자 가두모집(街頭募集) 등 강제 징·소집 등을 통해 병력을 보충하였다. 그러다 군이 전시동원체제를 갖추기 시작한 것은 1950년 9월 15일 인천상륙작전 이후부터이다. 국방부는 1950년 9월 20일 '경상남북지구병사구사령부'의 재설치를 시작으로 하고, 1951년 4월 20일 '전북지구병사구사령부'를 끝으로 각 지구별 병사구사령부 편성을 완료하였다.[24)]

〈표 2〉 시·도별 병사구사령부 설치 현황

설치연월일	부 대 명	설치 근거	비 고
1950.9.26	서울지구 병사구사령부	국방부 일반명령(육) 제81호	• 50.12.29 부산시로 이동, 51.3.15 서울 복귀
1950.10.18	경기지구 병사구사령부	국방부 일반명령(육) 제199호	• 50.11.12 인천 이전, 51.1.4 마산 이동, 51.4.25 인천 복귀
1950.10.16	강원지구 병사구사령부	국방부 일반명령(육) 제82호	• 원주에서 창설, 54.11.10 춘천 이전
1950.10.3	충북지구 병사구사령부	국방부 일반명령(육) 제82호	·
1950.10.16	충남지구 병사구사령부	국방부 일반명령(육) 제81호	·
1950.10.19	전남지구 병사구사령부	국방부 일반명령(육) 제82호	·
1951.4.20	전북지구 병사구사령부	국방부 일반명령(육) 제96호	·
1950.9.20	경남지구 병사구사령부	국방부 일반명령(육) 제75호	·
1950.9.20	경북지구 병사구사령부	국방부 일반명령(육) 제75호	·
1950.12.16	제주지구 병사구사령부	국방부 일반명령(육) 제124호	·

자료: 병무청, 『병무행정사』 상, 1985, pp.197－198, 806.

24) 병무청, 『병무행정사』 상, pp.196－198. 제주지구병사구사령부는 중공군 개입 이후인 1950년 12월 16일 「국방부 일반명령(육) 제124호」에 의거하여 설치되었다. 또한 전북지구병사구사령부는 비록 1951년 4월 20일 창설되었지만, 병무행정업무는 부대 창설 훨씬 전인 1950년 10월 13일부터 개시하였다.

국방부는 병사구사령부의 재설치가 완료되자 11월 1일부터 15일까지 후방지역의 동원체제를 갖추기 위하여 제2국민병 등록을 실시하였다. 이때 등록된 제2국민병은 2,389,730명으로 6・25전쟁 발발 직전의 병역 해당자 4,762,639명의 50% 수준이었다.[25]

그러나 병사구사령부가 기능을 갖추려는 시기에 중공군이 개입하자, 정부는 잠재전력원인 장정들을 보호・소개하기 위해서 1950년 12월 21일 법률 제172호로 국민방위군설치법을 제정하여 60여만 명에 달하는 제2국민병 장정을 소집하게 되었다. 그러나 시행과정에서 제2국민병에 대한 소집은 '국민방위군 사건'으로 중단되고, 1951년 5월 12일 국민방위군설치법이 폐기됨으로써 최초로 시도되었던 대규모 병력동원은 그 결실을 보지 못하게 되었다.

2. 국군의 병력충원 과정

6・25전쟁은 병력충원 면에서 정상적이지 못했다. 전쟁이 일어나면 군은 전시편제에 의하여 증강되어야 하고 손실병력의 보충을 위해서는 병력이 동원되어야 하는데, 전쟁 초기 6・25전쟁은 그렇지 못했다. 한국은 전쟁 2개월도 안 되어 전(全) 국토의 대부분을 상실함은 물론, 그 지역에 있는 인력(人力)도 잃어버리는 이중적 손실을 당했다. 따라서 정상적인 징・소집이 이루어질 것이라는 기대는 난망(難望)이었다. 비록 1950년 7월 제2국민병 소집과 영호남

25) 육군본부, 『6・25사변 후방전사』 인사편, 1956, p.49.

지역에 편성관구사령부를 설치하여 병력보충 업무를 추진하였으나, 그 효과는 미지수였다. 그 결과 학도의용군(學徒義勇軍)[26]과 소년지원병이 자원하여 참전하였고, 호국군이나 청년방위대 출신 장병, 학교 및 청년단 배속장교의 현역 편입, 그리고 비상시향토방위령(대통령령 제7호)에 의해 긴급 설치된 향토방위대(Home Defense Corps)가 향토방위 임무를 수행하였다.

또한 군은 전선에 부족한 장병을 보충하기 위해 장교 현지임관제도와 「육군장교보충령(陸軍補充將校令)」의 제정, 그리고 병사구사령부 및 신병훈련소의 설치 등을 설치하여 운영하였다. 육군장교보충령은 1950년 8월 28일 대통령령 제382호로 공포된 것으로 6·25전쟁과 같은 위급한 사태에 필요한 육군장교를 보충하기 위해 제정되었고, 신병훈련소는 일선 전투부대에 병력을 안정적으로 보충하기 위함이었다.

(1) 국군의 사병 충원과정

6·25전쟁 초기 한강교의 조기 폭파로 국군은 많은 장비와 무기를 한강 이북 지역에 유기한 채, 겨우 소총만을 휴대하고 한강 이남으로 무질서한 철수를 하여 시흥과 수원에 집결하였다. 1950년 7월 1일 육군본부가 수원에 위치하였을 때, 국군의 총병력은 전쟁

---

26) 학도의용군은 "1950년 6월 29일 이후 학도의용군(재일교포 학도의용군 포함)으로 육·해·공군 또는 유엔군에 예속되어 1951년 2월 28일 해산할 때까지 근무한 자로서 전투에 참가하고 그 증명이 있는 자 또는 전상으로 인하여 중간에 나온 자"를 말한다. 「병역법시행령(대통령령 제1452호) 제107조」, 1959. 2. 18 ; 육군본부, 『한국전쟁 시 학도의용군』, 1994, p.12.

이전 98,000명에서 44,000명이 전사 · 포로 · 행방불명 또는 낙오로 인해 약 50%의 병력 손실을 입었다.[27]

6 · 25전쟁 동안 국군이 입은 병력 손실은 장교 · 사병을 포함하여 약 29만 명이었다. 장교 손실이 6,159명, 사병이 281,978명이었다. 전쟁 1년째인 1950년 손실은 87,312명인 반면, 보충은 202,127명으로 전쟁기간 중 가장 많은 인원이 보충되었다. 이처럼 손실과 보충이 많았던 것은 전쟁 초기 북한군의 기습과 이후의 계속된 지연작전이 가져온 희생 때문이었다. 그러나 병력보충은 주로 가두모집, 현지 부대장이 인근 마을에서 필요한 장정의 강제 징집, 그리고 청년방위대원이나 학도병들의 자원입대 등이었다.[28]

〈표 3〉 6 · 25전쟁 시 육군병력 손실과 보충 현황[29]

구 분	손 실			보 충			비고
	계	장교	사병	계	장교	사병	
계	288,137	6,159	281,978	617,039	34,573	582,466	
1950	87,312	2,886	84,426	202,127	10,477	191,650	
1951	68,669	1,689	66,980	149,835	7,491	142,344	
1952	54,827	907	53,920	130,879	6,096	124,783	
1953	77,329	677	76,652	134,198	10,509	123,689	

그 후 전쟁 초기의 혼란이 어느 정도 해소되고 낙동강 방어선에

27) Office of Chief of Military History Department of the Army, *Military Advisors in Korea: KMAG in Peace and War*, Washington, D.C., 1962, p.134.

28) 육군은 이러한 병력동원을 원활하게 하기 위해 전쟁 초기인 7월 8일 '전남 · 북편성관구사령부'를 설치하고, 12일에는 '영남편성관구사령부'를 설치하였다. 이어 17일에는 다시 '서해안지구전투사령부'를 신설하여 전남북편성관구사령부와 기타 부대를 관장하는 한편, 영남편성관구사령부도 '경남북편성관구사령부'로 분리하여 4개의 편성관구로 개편하였다. 그러나 이들 관구사령부는 예하에 편성된 신편 사단의 변동이 심하여 혼란만 초래할 뿐 소기의 기능을 발휘하지 못하였다. 국방부 전사편찬위원회, 『한국전쟁사』 제2권, 1979, pp.137 – 140.

29) 육군본부, 『육군발전사』 상, 1970, p.439.

이르자, 각 부대별로 필요한 병력의 징 · 소집은 실시하지 않고, 육군본부에서 필요한 병력을 일괄적으로 보충하여 주었다. 그러나 이때도 정상적인 병력 징 · 소집은 이루어지지 않았고, 가두모집이나 가택 수색에 의한 강제 징 · 소집이 계속되었다.[30)]

그러나 7월 중순부터 경상도 및 제주도지역에 신병 보충을 위한 훈련소를 설치하여 안정적인 병력보충을 위해 노력하였다. 훈련소는 대구의 '제1보충병 훈련소'를 비롯하여,[31)] 김해의 제2훈련소, 구포의 제3훈련소, 제주도의 제5훈련소, 삼랑진의 제6훈련소, 진해의 제7훈련소 등이었다. 이들 훈련소를 통해 매일 배출되는 신병들은 약 1개 연대병력 약 3,000명이었다.[32)] 다음은 각 훈련소별 일일 배출인원이다.

〈표 4〉 6 · 25전쟁 초기 신병훈련소의 일일 병력배출 현황

구 분	계	제1훈련소	제2훈련소	제3훈련소	제5훈련소	제6훈련소	제7훈련소
위 치	2,950명	대 구	김 해	구 포	제주도	삼랑진	진 해
일 일 출소병력		1,000명	500명	500명	750명	200명	미 상

30) 8월 초 보병 제3사단 예하 제26연대 창설 시, 육군본부 소속 수명의 장교는 경찰과 지방 행정관서의 도움으로 대구시 거리에서 불과 2일 만에 1,000여 명을 징 · 소집하여, 분대 · 소대 · 중대 단위로 분류하여 2개 대대로 편성하였다. Office of the Chief of Military History Dept. of the Army, Ibid., p.144.

31) 육군본부, 『육군발전사』 상, 1970, p.705. 제1훈련소는 1950년 7월 11일 경북 대구에서 제25연대(교육연대)로 창설되었다. 그 후 동년 7월 17일 경북편성관구사령부 제7교육대로 개칭되었다가 다시 동년 8월 1일 육군 중앙훈련소로 개칭되고, 동년 8월 14일 대구에서 육본직할 제1훈련소로 개칭되었다. 제1훈련소는 1951년 1월 22일 제주도 모슬포로 이동하여 신병훈련을 담당하였다.

32) 이들 훈련소 입소 병력도 거의 전부가 가두모집 또는 강제 징 · 소집된 자들이다. Office Of the Chief of Military History Dept. of the Army, Ibid., pp.148 - 149.

1950년 8월 초 국군과 유엔군의 전략은 낙동강 방어선에서 적의 공세를 최대한 저지하면서, 한편으로 전략적 기습인 인천상륙작전을 준비하는 것이었다. 이때 국방부에서는 공세 이전에 약 30만 명의 병력이 필요할 것으로 판단하고 이에 대한 대비를 하였다.[33] 그러나 그 당시 이러한 병력동원은 무리였다. 왜냐하면 당시 국내사정은 병력동원제도상의 모순과 병력공급처가 경상도 일대로 제한된 상태였기 때문이다. 특히 당시 경상도 지역에는 많은 피난민이 몰려들기는 했지만, 병력동원에 필요한 병적정리(兵籍整理)가 이루어지지 않아 실제로 정상적인 징·소집이 어려웠다.

그래서 군에서는 국군과 유엔군이 반격작전을 개시하자 가장 먼저 모병업무를 담당할 병사구사령부를 설치하여 제2국민병역 등록업무를 실시하였다. 전쟁 초기 병력동원에 많은 어려움을 겪은 정부가 이런 조치를 취한 것은 당연하였다. 중공군 개입으로 국군과 유엔군이 평양에서 철수하고 이로 인해 전선(戰線)은 물론이고 국내외 상황이 급격히 악화되어 가자, 전쟁 초기와 같은 실수를 되풀이하지 않으려고 정부에서는 일찌감치 서울 시민에 대한 소개령(疏開令)을 통해 일반 시민을 남하(南下)시키고, 국민방위군설치법을 통해 예비잠재전력인 제2국민병에 대한 보호 및 소개를 위해 '국민방위군'을 창설하기에 이르렀다.

33) 육군본부, 『육군인사』 제1집, 1969, p.595. 국군 확장에 필요한 25만 명을 비롯하여 미군에 배속될 카투사(KATUSA) 3만 명, 그리고 월평균 손실 병력 2만~3만 명 등 30만 명이다.

(2) 국군의 장교 보충 과정

6·25전쟁 초기 국군은 한강교 조기 폭파 및 한강 이북지역의 부대에 대한 효과적인 미(未)철수로 인하여 병력운영 면에서 상당한 애로를 겪었다. 특히 장교 문제는 더욱 심했다. 전쟁 1년째인 1950년 장교의 손실은 <표 3>에서 보듯이 전체 손실 병력 87,312명에 비해 3.4%인 2,886명이었지만, 장교의 손실 비율은 이보다 훨씬 큰 것이었다. 이에 비해 1950년 보충은 10,477명으로 손실율의 5배에 해당하는 병력이 충원되었으나 전쟁 초기 상황은 심각하였다. 이에 군은 호국군과 청년방위대 배속장교의 현역 편입, 보충장교의 선발과 현지임관 등을 통해 장교 동원에 노력하였다.

전쟁 초까지 육군장교 임관자(任官者)는 군사영어학교(軍事英語學校) 출신과 육군사관학교 출신,[34] 그리고 기타 법무, 군의, 헌병, 항공, 공병, 병기, 통신 등 특수병과 임관 등에 의해 총 7,002명의 장교가 배출되었다. 군사영어학교 출신 110명, 제1기부터 제10기까지 육군사관학교 출신자 4,962명, 그리고 특수병과 및 민간인 출신 임관자 등 1,930명이 임관하였다.[35]

〈표 5〉 6·25전쟁 이전 육군장교 임관 현황

계	군사영어학교	육 군 사 관 학 교(1기~10기)											기타	비고
		소계	1기	2기	3기	4기	5기	6기	7기	8기	9기	10기		
7,002	110	4,962	40	196	296	107	380	235	1,096	1,848	580	184	1,930	

34) 육군사관학교 출신 장교에는 1950년 7월 10일과 7월 15일 임관한 제10기생이 포함되었다. 육사 10기생은 7월 10일 두 차례에 걸쳐 262명이 임관되었고, 7월 15일에 50명이 추가로 임관하였다.

35) 국방부 군사편찬연구소 소장, 『장교임관 현황철』(미발간).

6·25전쟁 초기 사병들의 보충은 가두모집이나 강제 징·소집 등과 같은 방법으로 해결할 수 있었으나, 병사들을 지휘하고 통솔해야 할 장교들의 보충에는 많은 어려움이 있었다. 이를 위해 국방부에서는 다양한 장교임관제도를 도입하여 해결하였다. 그중 대표적인 것이 현지임관제도(現地任官制度, battlefield commission system)이다.[36] 현지임관제도에 의해 임관된 장교는 6·25전쟁기 전 기간을 통해 12,479명이었고, 이 중 약 50%인 5,049명이 전쟁 1년차인 1950년에 임관하였다. 전쟁 첫해인 1950년은 그만큼 초급장교의 손실이 많았고, 이에 대한 보충도 많이 이루어졌다.

〈표 6〉 6·25전쟁기 현지 임관자 현황[37]

(단위: 명)

계	1950년	1951년	1952년	1953년	비고
12,479	5,049	1,297	318	5,815	

1950년 6월 전쟁 발발 당시 태릉의 육군사관학교는 생도 1기생(2년제로 모집)과 최초의 4년제 정규 사관생도인 제2기생이 교육 중에 있었고, 시흥의 육군보병학교에는 단기교육을 받고 있는 간부후보생 제2기생이 있었다. 전쟁이 발발하자 육군본부는 태릉의 육군사관학교 사관생도와 시흥의 보병학교 간부후보생을 전선에 투입시켰다. 이들은 여러 부대로 분산 배치되어 소총병으로 싸우다가 많은 희생을 당하였다. 이 중 살아남은 생도 제1기생(현재 10기로

36) 전시에 부족한 하급 장교를 보충하기 위하여 현지부대의 하사관 중에서 장교로 임관시키는 제도이다.

37) 육군본부, 『육군발전사』 상, p.440.

호칭)들은 1950년 7월 10일 대전에서 육군 소위로 임관하였다.[38)]

한편 군은 1950년 8월 16일 「육군장교보충령(陸軍將校補充令)」을 공포・시행하기 전(前) 임시조치로 제정한 「전시육군장교보충규정(戰時陸軍將校補充規程)」 제107조[39)]을 공고하여 전쟁 발발 후 총도 없이 개별적으로 피난길에 올랐던 청년방위대 간부와 그동안 광복군, 일본군, 만주군 등에서 활동하다 광복 이후 국내에서 자중(自重)하고 있던 군 경력자 등을 선발하여 간부요원으로 충원하였다. 1950년 8월 28일 대통령령 제382호로 공포된 「육군장교보충령」은 전시, 사변, 기타의 사태에 필요한 육군장교의 긴급 보충을 위해 제정된 것으로 전문 15조로 구성되어 있다.[40)]

한편 군에서는 현지임관제도만으로 소대장을 충족할 수 없게 되자, 이를 위해 육군사관학교와 육군보병학교를 통합하여 그 명칭을 육군종합학교로 하고, 교육기간도 소대장에게 필요한 최소한의 교육만을 실시하여 장교로 임관시킨 뒤 전방에 배치하는 등의 제도 개선을 통해 문제의 해결을 보았다.

육군종합학교는 1950년 8월 15일부터 1951년 8월 18일까지 약 1년간 총 7,627명(해병대 포함)의 장교를 배출하였고, 1951년 2월 16일부터 휴전되기까지 약 2년간 육군보병학교로 개칭하여 총 10,388명의 초급장교를 임관시켰다.[41)] 또한 의무, 헌병, 군악, 경리,

38) 국방부, 『국방사』 제1집, p.270.

39) 「국방부령 임시 제2호」, 1950. 8. 16. '전시육군장교보충규정'은 「육군장교보충령」(1950년 8월 28일, 대통령령 제382호)이 공포되기 전(前) 임시조치로 시행되었다.

40) 본령은 1962년 2월 6일 「군인사법시행령(각령 제426호)」의 공포로 폐지되었다.

41) 육군종합학교는 1950년 8월 21일 「육본 일반명령 제57호」에 의거 육군보병학교를 육군제병학교로 개칭하였다가 1950년 9월 7일 「국본 일반명령(육) 제40호」에 의거 육군종합학교로 다시 개칭되었다. 육군종합학교는 다시 1951년 2월 15일 「국본 일반명령 제36호」에 의

정보 등의 각 병과학교들도 1950년 후반부터 교육기능의 일부가 회복되기 시작하면서부터 장교를 임관시켜, 휴전될 때까지 32,600여 명의 장교를 배출하였다.[42)]

〈표 7〉 6 · 25전쟁기 장교 임관 현황

계	육군					해 군	공 군 (53년 12월 말)	해병대	비 고
	소 계	육 사 10 기	현 지 임 관	간부후보생 (갑종)	기 타				
36,431	32,517	312	12,479	17,655	2,071	1,031	1,836	1,047	

해군은 전쟁이 발발하자 해군사관학교 생도 4기생은 학교방위(學校防衛)를, 제5 · 6 · 7기생은 진해 군항방위(軍港防衛)를 담당하다가, 9월 26일 학교로 복귀시켜 교육을 재개하여 기간 중 제4 · 5 · 6 · 7기생 312명을 임관시켰다.

공군은 전쟁 기간 중 최초 공군사관학교 생도 제1기생을 김포지구방어에 배치하였다가 진해로 이동하여 1951년 8월 83명을 임관시킨 이후, 단기 간부후보생 과정을 설치하여 1953년 12월 말까지 1,836명의 장교를 배출하였다.[43)]

거 육군보병학교로 개칭되었다. 교육총본부, 『교총사』 제1집, 1958, pp.201－208 ; 국방부 군사편찬연구소 소장, 『장교임관명부』(미발간).

42) 국방부 군사편찬연구소 소장 자료, 「장교 출신별 · 일자별 · 군번별 임관자료」.

43) 공군본부, 『공군사』 제1집, 1992, pp.92, 269.

3. 북한의 남한 점령지역에서 강제 인력 동원

6·25전쟁 초기, 즉 국군과 유엔군이 북진할 때까지 북한이 남한 점령지역에서 강제로 동원한 인원은 납북인사 84,532명을 제외하고도,[44] 무려 60여만 명에 이르렀다.[45]

북한의 인력동원정책은 그들의 「전시동원령」에 근거를 두고 있다. 북한은 1950년 7월 1일 북한 최고인민회의 상임위원회가 공포한 「전시동원령(戰時動員令)」에 따라 남한 점령지역에서 18～36세[46] 사이의 주민을 대상으로 대규모 인력동원을 실시하였다. 북한은 남한 지역에서 징집 목표를 48만 명으로 정해 놓고, 서울 점령 4일째인 7월 1일부터 소위 '의용군(義勇軍)' 징집에 들어갔다.[47]

최초에는 18～36세의 남녀를 집합시켜 정치 및 사상 교육을 실시한 후 의용군 입대를 종용하였으나, 지원자가 예상보다 적게 나오자, 7월 10일경부터는 각 인민위원회, 기업체, 학교 등을 통해 약 10여만 명을 징집하였다.

이후 낙동강 전선에서 전투가 치열해지자 민청(民靑)과 노동 동맹 등 좌익계 단체들을 동원하여 장애자가 아닌 17～45세의 남녀 약 50여만 명을 동원하였다.[48] 따라서 북한군은 남한 점령기간 동

---

44) 내무부 통계국, 『대한민국 통계연감』, 1953, p.213. 납북인사는 총 84,532명으로 남자가 78,377명이고, 여자가 6,155명이다. 이들은 7월 20일경부터 8월 중순까지 4차에 걸쳐 평양으로 납북되었다. 주요 납북인사로는 김규식, 조소앙, 안재홍, 오세훈, 엄항섭, 송호성, 방응모, 정인보, 이광수 등이다.

45) 국방부 군사편찬연구소 소장, 「Intelligence Summary SN. 2920」.

46) 북한에서는 19～37세까지의 남자가 징집대상이었다. 국방군사연구소, 『Intelligence Report of the Central Intelligence Agency』 16, 1997, p.246.

47) 국방부 군사편찬연구소 소장, 「Intelligence Summary SN. 2923」.

안 약 60여만 명에 달하는 남한 내 인력을 강제로 징집하여 군사 목적에 이용하였다.

북한군은 6월 25일 전쟁 발발로부터 낙동강 후퇴 시까지 병력손실은 약 22여만 명이었다.[49] 그러나 북한은 남한지역에서 그들 피해의 3배인 60여만 명을 동원하였다. 이들은 최전선의 총알받이로 투입되거나, 탄약 및 식량 운반, 그리고 교량과 도로 보수 등에 동원되었다. 이처럼 북한군은 최초 징집목표인원인 48만 명에서 12만 명을 상회하는 60여만 명을 동원하였다.[50]

〈표 8〉 남한지역에서 북한의 인력동원 현황

북한군 징집목표인원	남한에서 징집인원			북한군 사상자 수 (50년 6월~9월)
	소계	50년 7월	50년 8월~9월	
48만 명	60만 명	10만 명	50만 명	22만 1천 명

북한은 남한지역에서 징집한 엄청난 인원을 전선에 투입시켰을 뿐만 아니라, 탄약 운반과 같은 전투보조원으로 활용하였다. 전선으로 끌려간 소위 '의용군'들은 대부분 '인간방탄(人間防彈)' 역할을 하였다. 이들은 소총과 수류탄만을 지급받은 채 최전선에 배치되어 북한군 정규군을 보호하는 총알받이 역할을 하였다.[51] 이 외

48) 국방부 군사편찬연구소 소장, 「Intelligence Summary SN. 2920」.

49) 국방부 군사편찬연구소 소장, *History of the North Korean Army*(미간행).

50) 군사편찬연구소 소장, 「Intelligence Summary SN. 2920」. 유엔군사령부는 북한군의 전쟁포로 및 노획문서를 통해서 분석한 『북한인민군사』에서 인천상륙작전 이후 38선 돌파 시까지 확인된 북한군의 전투 사상자 수는 약 22만 명으로 추산하고 있다. 군사편찬연구소 소장, *History of the North Korean Army*(미간행).

51) 국방부 군사편찬연구소 소장, 「Intelligence Summary SN. 2930」. 미 제2사단을 공격하였던 의용군 부대 가운데 일부 병사들은 전혀 무장이 안 된 맨손이었다.

에도 이들은 탄약 운반, 진지 및 참호 구축 등에 동원되어 있다가 전사자가 발생하면, 무기와 실탄을 지급받고 전선에 배치되는 식이었다.

그 밖에 단순노무자로 동원된 인원은 후방지역에서 보급품 수송, 파괴된 교량 및 도로 복구, 파괴된 시설물 복구, 방공호 건설 등에 동원되었다. 이 중에서도 제공권을 빼앗긴 북한에게 있어서 가장 시급한 문제는 북한지역에서 낙동강 전선까지 보급품을 운반하는 것이었다.

북한은 전쟁 초기부터 낙동강 전투에 이르기까지 남한 점령지역에서 철저한 인력동원정책을 전개함으로써 유엔군에게 제공권을 빼앗긴 상황에서도 '8월과 9월 공세' 등 그들의 능력에 부치는 공격을 펼치며 전장의 주도권을 잃지 않으려고 노력하였다. 북한이 그들 사상자 수의 약 3배에 달하는 60여만 명의 인원을 남한지역에서 강제 동원하여 전선에 투입시킴으로써 제공권 상실과 화력의 열세를 극복하고, 인천상륙작전이 성공하여 국군과 유엔군이 반격할 때까지 공세의 고삐를 늦추지 않고 집요한 공격을 퍼부을 수 있었던 것도 이 때문이었다.

또한 이것은 북한의 제36사단 창설에서 알 수 있다. 북한군은 경북 김천에 제36사단을 창설하여[52] 점령지역의 주민들을 동원하여 운반하는 릴레이식 수송방법을 통해 보급문제를 해결하였다.[53] 이처럼 북한에게 있어 보급품 수송은 제2의 전투나 마찬가지였다.

그러나 국군과 유엔군의 반격 이후 북한군의 병력공급이 원활하

---

52) 김천에 사령부를 둔 제36사단은 사단장에 이성근(李成根) 총좌를 임명하였다.

53) 국방부 전사편찬위원회, 『한국전쟁사』 제3권, pp.39 - 40.

지 못하자, 북한군의 입장은 달랐다. 이는 북한군 포로의 진술에서 확인할 수 있다. 1950년 10월 12일 미 중앙정보국(CIA)이 밝힌 북한군 포로의 진술에 따르면, 인천상륙작전 이후 북한은 부족한 병력보충을 위해 징집연령을 이전의 19~39세에서 55세까지의 모든 남자로 확대 적용하였던 것이다.[54] 이는 북한지역의 병력 부족과 함께 모든 남자가 징집대상이라는 것을 역설적으로 증명(證明)해 주고 있는 실례라 할 수 있다.

54) 국방군사연구소, 『Intelligence Report of the Central Intelligence Agency』 16, 1997, p.246.

제2장

대한민국 최초 예비군으로서 호국군

1. 호국군 창설 배경과 병역임시조치령

대한민국 최초의 예비군인 호국군(護國軍)은 주한미군의 철수에 사전 대비하기 위하여 1948년 11월 30일부터 창설되기 시작하여 1949년 8월 31일 해체되기까지 9개월 동안 존속하면서 조직·편성·기능 면에서 오늘날의 전형적인 예비군제도의 기초를 형성하였다. 호국군이 해체된 후에는 병사구사령부(兵事區司令部)[1]와, 청년방위대(青年防衛隊), 그리고 국민방위군의 창설에도 기여하였다.

국군 창설과 더불어 주한미군의 철수가 확실시되자 국방부는 자주국방태세의 확립을 기하기 위하여 병력증강을 서둘렀다.[2] 그러나

1) 병사구사령부는 병무행정을 담당하고 있는 군소속의 부대이다. 병사구사령관은 대부분 광복군 출신이나 일본 육군사관학교 고위급 장교 출신들이 보임된 것이 특징이다. 6·25전쟁기 병사구사령관 역임한 자로는 고시복(육군소장 예편), 백홍석(육군소장 예편·채병덕 장군 장인), 연일수, 엄주명(육군준장 예편), 문용빈, 김완룡(육군소장 예편), 김도영, 김종순, 오광선(육군준장 예편), 한왕룡, 김종문, 신동우, 최경만, 김학성, 이형석(육군소장 예편), 이대영, 김정호(육군준장 예편), 박승훈, 박시창(육군소장 예편), 이응준(육군중장 예편·이형근 장군 장인), 장흥(육군소장 예편), 권준, 김성태, 유승열(육군소장 예편·유재흥 장군 부친), 이순영, 유흥수(육군소장 예편), 석주암(육군소장 예편), 장석륜, 김종원, 홍순봉, 김준원(육군준장 예편·김정열 장군 부친), 유희증 등이다. 병무청, 『병무행정사』, pp.803－810.

2) 미국은 1948년 4월 8일 향후 수립될 대한민국 정부를 지원하며 경제원조를 제공하고 미군 철수 전에 경비대를 전면전이 아닌 외부의 침략에 대응할 수 있도록 증강하고 12월 말까지 주한미군을 철수시킬 것이라고 발표하였다. 이에 따라 주한미군은 1948년 9월 15일 제1진

그 당시에는 지원병제의 채택과 국군 10만 명의 제약 및 예산 등의 사정으로 정규군의 확충이 현실적으로 어려운 상황이었다.

따라서 국군은 소요병력의 보강책으로 예비군제도에 착안하여 호국군을 창설하기에 이르렀다. 호국군은 1948년 11월 30일 법률 제9호로 공포된 국군 조직법 제12조에 "육군은 정규군과 호국군으로 조직한다."는 법규에 따라 창설되었다. 호국군에 관한 세부규정은 1949년 1월 20일 대통령 긴급명령으로 제정된 대통령령 제52호인 「병역임시조치령(兵役臨時措置令)」에 명시되어 있다.[3)]

호국군은 정규군의 전투력강화를 사명으로 하되, 그 편성은 전투부대와 특수부대로 구분하였으며, 필요에 따라서는 정규군에 편입할 수 있게 하였다.[4)] 호국군의 신분은 장병(將兵) 공히 예비역으로서 각자의 거주지에서 생업에 종사하면서 거주지 소속 연대에서 필요한 군사훈련을 받게 되었다. 한편 호국군 장교는 일반장교와 마찬가지로 특별채용과 보통채용에 의해 임관되었는데, 대대장급 이상은 60세, 중대장급은 50세, 그리고 소대장급은 40세까지로 연령에 제한을 두었다.[5)] 그 밖에 호국군 간부후보생으로 선발된 인원은 1차로 각 지역별 현역연대에서 6주간의 군사훈련을 받은 후, 호국군사관학교에 입학하여 6주간의 교육을 받고 나서 호국군 소위로 임관되었다.[6)]

철수를 시작하여 1949년 1월 15일에는 제24군단을 해체하고 7,500명 정도의 제5연대와 임시군사고문단만 잔류시키고 철수를 완료하였다. 국방군사연구소, 『한국전쟁』 상, pp.50－53.

3) 「병역법임시조치령(대통령령 제52호)」, 1949. 1. 20.

4) 그러나 실질적으로 구분 편성된 부대는 없고, 법령상에도 구분편성의 명문을 찾아볼 수 없다. 육군본부, 『육군발전사』 제1권, p.24.

5) 현역장교의 특별채용은 장관급은 65세, 영관급은 60세, 위관급은 50세까지로 되어 있다. 「국군조직법(법률 제9호) 제18조」.

2. 호국군 조직과 편성

호국군 편성은 시 · 군 · 면 등 행정구역단위로 중대 · 대대를 편성하고, 그 조직을 현역부대에 준하여 연대는 3개 대대, 대대는 4개 중대, 중대는 4개 소대, 소대는 4개 분대, 1개 분대는 12명으로 편성되었다. 연대와 대대에는 인사 · 정보 · 작전교육 · 군수과를 두었고, 연대에는 인사 · 정보 · 작전교육 · 군수 이외에 부관, 정훈관, 재정관, 수송관, 의무관 등을 특별참모로 운영하였다.

연대장과 대대장은 주로 군사경력자를 임명하였고, 연대장 요원은 호국군사관학교 졸업 후 보직을 받고 곧바로 현역 중위로 진급하였다. 기타 각급 부대 지휘관 및 참모요원은 호국군 소위 또는 사관학교 입교 대기 중인 간부후보생들로 보직되었다.[7] 일반 병사는 1949년 1월 20일 공포된 병역임시조치령에 의거 본인의 지원에 의하여 초모구(招募區)에서 신체검사 후 합격자 중에서 본인의 희망에 따라 현역이나 호국병역으로 입대하였다.

호국군 창설과 더불어 1948년 11월 20일 육군본부 내에 호국군 군무실(護國軍軍務室)을 설치하고 호국군 창설에 관한 계획수립과 업무를 시작하게 되었고, 초대 실장에는 신응균 중령[8]이 보임되었다. 1948년 12월 29일에는 12월 7일 공포된 국방부직제령(대통령

---

6) 호국군사관학교총동창회, 『호국군사』, 경희정보인쇄, 2001, p.33.

7) 호국군사관학교총동창회, 『호국군사』, p.45.

8) 신응균(申應均 · 육군중장 예편)은 일본 육사 50기로 소좌까지 진급하여 포병대대장을 역임하였다. 또한 그는 일본 육사 26기인 신태영(申泰英 · 육군중장 예편 · 국방부장관 역임) 장군의 아들이다.

령 제37호) 제10조에 따르면 육군본부에 호군국(護軍局)을 둔다는 법규에 따라 호국군무실을 호군국[9]으로 확대・개편하였다. 또한 1948년 11월 20일 육군본부에 호국군군무실 설치와 동시에 현역 10개 연대[10]에 호국군고문부(護國軍顧問部)를 두어 편성에 착수하였다. 고문부의 활약으로 1948년 말까지 호국군의 편성은 거의 완료하고 1949년 1월 7일까지 제101, 제102, 제103, 제106여단 등 4개 여단을 편성하였고, 1949년 1월 10일에는 제101, 제102, 제103, 제105, 제106, 제107, 제108, 제110, 제111, 제113연대 등 10개 연대를 창설하였다.[11] 각 연대의 주둔지역과 여단 예속관계는 다음 <표 9>와 같다.

〈표 9〉 호국군 여단 편성과 예속관계

여단		예속연대	주둔지
편성	여단장		
제101여단	오광선 대령	제101연대 제111연대	서 울 수 원
제102여단	유승열 대령	제102연대 제103연대	대 전 전 주
제103여단	안병범 대령	제113연대 제105연대 제106연대	온 양 부 산 대 구
제106여단	권 준 대령	제107연대 제108연대 제110연대	청 주 춘 천 강 릉

9) 초대 국장에 신응균 중령이 유임되고, 1949년 3월 1일 제2대 국장에 이형석(일본 육사 45기・육군소장 예편) 대령이 보직되었다.

10) 제1・2・3・5・6・7・8・10・11・13연대에 호국군고문부를 설치하였다. 그러나 제4・9・12연대 등 3개 연대는 제외되었다.

11) 국방부, 『국방부사』 제1집, 1954, p.163 ; 호국군사관학교총동창회, 『호국군사』, p.26.

호국군 여단장에는 1949년 1월 1일 육사 제8기 특별 제1차[12]를 수료한 일본 육사 및 광복군 출신 장교들이 임명되었다. 일본 육사 제26기인 유승열(劉升烈 · 육군소장 예편) 대령과 안병범(安秉範 · 육군준장 추서) 대령이 호국군 제102여단장과 제103여단장에, 그리고 광복군 출신인 오광선(吳光鮮 · 육군준장 예편) 대령과 권준(權畯 · 육군대령 예편) 대령이 호국군 제101여단장과 제106여단장에 보임되었다. 1949년 5월 24일 제2대 102여단장에 박시흥 중령[13]이 새로 보임되었다. 1949년 4월 22일 제105여단이 전남 광주에 창설되고, 여단장에 김관오(金冠五 · 육군소장 예편) 대령이 임명되었다. 그러나 동년 6월 16일 제2대 105여단장에 김정호(金正皓 · 육군준장 예편) 대령이 새로 보임되었다.[14]

호국군의 부대편성이 완료되자 국방부는 지휘체제의 강화책으로 육군본부에 호국군무실을 호군국(護軍局)으로 승격시켰고, 1949년 3월 4일에는 호국군간부훈련소를 서울 용산 이태원에 설치하였다.[15] 1949년 4월 1일에는 호군국을 해체하고 육군총참모장 직속으로 호국군사령부(護國軍司令部)를 설치하였다.[16] 호국군사령부는

---

12) 육군사관학교 제8기 특별 제1차 출신자 중 주요 인사로는 광복군 출신의 안춘생(육군중장 예편), 권준, 이준식(육군중장 예편), 안병범(육군준장 추서), 오광선(육군준장 예편), 전성호(육군준장 추서) 등이 있고, 일본 육군사관학교 출신으로는 김석원(육군소장 예편, 백홍석(육군소장 예편), 유승열(육군소장 예편) 등이 있다. 국민방위군사학교장을 지낸 강태민(육군소장 예편) 장군은 육사 제8기 특별 제4차로 임관하였다. 한용원, 『창군』, 박영사, 1984, pp.242－243.

13) 중국 황포군관학교 제5기 수료.

14) 호국군사관학교총동창회, 『호국군사』, p.27.

15) 초대 소장에 초대 호국군군무실장인 신응균 중령이 임명되고, 1949년 3월 19일 2대 소장에 장석륜 중령(일본 육사 27기)이 임명되었다.

16) 호국군사령부는 1949년 6월 30일 국방부 영내에서 서울 용산의 제101연대 본부지역으로 이전하였다. 호국군사관학교총동창회, 『호국군사』, p.28.

사령관[17] 밑에 참모장[18]을 두고, 예하에 군수처, 교육처, 정보처, 인사처 등 4개 처(處)를 두었다. 또한 동일부로 호국군 간부훈련소를 호국군간부학교[19]로 개칭하고, 이어 동년 7월 16일에는 호국군사관학교로 다시 개칭하였다가, 호국군 해체에 따라 동년 8월 15일 폐교되었다. 호국군사관학교는 4개기에 걸쳐 1,080명의 호국군 장교를 배출하였다.[20]

그러나 호국군사령부는 1949년 8월 6일 병역법이 공포·시행됨에 따라 1949년 8월 31일 해체되었다. 호국군이 해체되기 시작하면서 각 여단사령부 및 연대본부 근무자들의 일부는 1949년 9월 1일부로 창설하기 시작한 각도의 병사구사령부(兵事區司令部) 기간요원으로 편입하게 되고, 10월 17일에는 이들을 포함한 290명이 현역에 편입하였다. 또 호국군 장교의 현역편입은 전체 임관자 1,080명 중 640명이었다.[21]

이처럼 호국군은 그 편성 면에서 그 뒤에 창설된 청년방위대와 실질적인 연관성은 없다고 해도, 그 조직과 편성 면에서 유사한 점이 많이 있다. 호국군처럼 청년방위대도 전국적인 조직망을 갖고

---

17) 초대 사령관에는 광복군 출신으로 육사 제2기로 임관한 송호성 준장이 임명되었다.

18) 초대 참모장에는 호군국장인 이형석 대령이 임명되었다. 그리고 제2대 참모장에는 원용덕 준장이 보임되었다. 호국군사관학교총동창회, 『호국군사』, p.28.

19) 1949년 4월 26일 학교를 서울 용산에서 경기도 고양군 독도면 화양리로 이전하였고, 6월 26일에는 학교를 다시 서울 영등포구 대방동으로 이전하였다. 호국군사관학교총동창회, 『호국군사』, p.35.

20) 호국군사관학교 장교 출신으로 장군이 된 자는 총 11명이다. 이 중 육군이 10명이고, 공군이 1명이다. 계급별로는 대장 1명(박노영, 사관학교 4기, 한미연합사 부사령관), 소장 3명, 준장 7명이다. 유명 인사로는 김정열 초대 공군참모총장의 부친인 김준원(사관학교 2기) 준장과 68년 1월 24일 김신조 무장공비 소탕작전 시 제1사단 제15연대장으로 전사하여 추서된 이익수(사관학교 3기) 준장 등이 있다. 호국군사관학교총동창회, 『호국군사』, p.80.

21) 호국군사관학교총동창회, 『호국군사』, pp.65-66.

있었고, 육군본부에도 호군국처럼 청년방위국을 두고 있었고, 그리고 호국군사관학교처럼 청년방위대간부훈련소라는 간부양성기관을 두고 있었다. 이는 청년방위대가 호국군의 조직을 모방하여 편성하였음을 단적으로 보여 주는 증좌(證左)이다. 이러한 점에서 호국군과 청년방위대, 그리고 국민방위군은 그 조직과 편성 면에서 유사한 점이 많음을 알 수 있다. 따라서 앞으로 이에 대한 연구도 발전시켜야 할 분야이다.

제3장

6·25 초기 예비전력으로서 대한청년단과 청년방위대

1. 대한청년단 창설 배경과 편성, 전시 활동

대한청년단(大韓青年團)은 여・순사건 이후 군에 대한 신뢰가 무너진 가운데 확실한 남한 내 반공세력인 청년단체들을 통합하여 군・경 보조 역할을 하기 위해 설치된 준(準)군사조직이다. 대한청년단은 호국군에 뒤이어 설치된 청년방위대의 산파역을 했고, 또 전쟁 중에는 중공군의 불의(不意) 개입에 따라 전선이 불리하게 된 상태에서 국민방위군 창설에 주도적 역할을 하였다.

대한청년단은 1948년 12월 19일 광복 이후 존속되어 온 6개 우익청년단체들 중 조선민족청년단(朝鮮民族青年團・일명 族青)[1]을 제외한 5개 우익청년단체[2]들과 20여 개 군소 단체를 하나로 통합하여 결성한 청년단체이다.[3] 이날 서울 운동장에서 개최된 대한청

1) 총재에는 이범석 장군으로, 후에 조선민족청년단은 대한민족청년단으로 개칭되었다.

2) 대동청년단(대청, 단장 이청천), 청년조선총동맹(청총, 단장 유진산), 국민회청년단(국청, 단장 강낙원), 대한독립청년단(독청, 황학봉), 서북청년단(서청, 단장 김성주).

3) 대한청년단에 흡수된 청년단체로는 한국광복청년회, 대동청년단, 조선건국청년회, 대한민주청년연맹, 한국청년회, 서북청년회, 독립촉성전국청년회. 청년조선총동맹 등이었다. 그러나 청년단체들의 통합은 완료되었지만, 각 지방단부 통합과 그에 따른 주도권 싸움은 계속되었다. 『부산일보』 1949. 1. 20, 2. 11 ; 국회사무처, 『제헌국회속기록 제2회』, pp.7－9.

년단 결성대회에서는 총재에 이승만 대통령을 추대하고, 단장에 신성모(申性模)[4]를 임명하였다.

대한청년단 총재로 추대받은 이승만 대통령이 "국가의 수호를 위하여 청년들은 자기의 직책을 다할 것과 국가 유사시 최후까지 싸워 줄 것을 당부"하는 말에서 이 단체가 지향하는 바를 알 수 있다. 이처럼 국가원수를 총재로 모시고 출범한 대한청년단은 1949년 1월 20일 조선민족청년단을 끌어들인 후 준(準)군사조직으로서의 역할과 반공 임무에 충실하다가 1953년 9월 17일 해산될 때까지[5] 약 4년 9개월 동안 청년방위대와 국민방위군 창설에 주도적 역할을 하였다.

이승만 대통령이 대한청년단을 결성하게 된 직접적인 동기는 1948년 10월 19일 여수에 주둔한 제14연대 반란사건으로 야기된 여・순 10・19사건을 수습하기 위한 대책의 하나로 모든 청년단체를 통합하여 물리력을 확보하고자 하는 데에서 비롯되었다. 이에 대해서 당시 정부, 국회, 우익 단체들이 모두 찬성하였기 때문에 통합문제는 별 어려움 없이 순조롭게 진행되었다. 이는 청년단체들을 기반으로 군사력을 강화하여 공산불순세력들의 책동을 원천적

---

4) 신성모는 1891년 경남 의령 출생으로, 백산상회 창립에 공동 투자한 의령 유지 이우식(李祐植)의 도움으로 보성전문, 남경해양대학, 런던항해대학을 졸업했다. 1920년 상해 임시정부의 요원으로 활약하다 체포되어 6개월의 옥살이를 하기도 하였다. 그 뒤 영국 상선(商船)의 선장이 되어, 미국에서 독립운동을 하던 이승만과 교류하면서 독립자금을 제공하고, 정보를 전달하기도 하였다. 그는 이승만의 요청으로 1948년 11월 3일 26년 만에 환국하였다. 김중희, 「6・25와 국방장관 신성모」, 『월간조선』 1982년 6월호 ; 『조선일보』 1948. 10. 31.

5) 대한청년단은 1953년 7월 23일 대통령령 제813호로 민병대령이 제정・공포되면서 동년 9월 10일 일체의 청년단체를 해산하고 민병대에 편입하라는 대통령의 담화에 따라 9월 17일 자체적으로 해산설명을 발표하였다. 민병대(民兵隊)는 1953년 10월 6일 전국 3,985개대, 총 대원 수 1,277,955명으로 결성을 완료하였다. 민병대사령관에는 1953년 7월 23일부로 전 국방부장관 신태영(申泰英・육군중장 예편・국방부장관 역임) 중장이 임명되었다. 병무청, 『병무행정사』, pp.489－490.

으로 봉쇄하겠다는 국가의 의지를 반영한 것이었다. 그렇기 때문에 대한청년단에 관계한 인사로는 이승만 대통령을 비롯하여 장택상, 안호상, 유진산, 전진한 등 당시의 정·관계 지도급 인사들이 포진하고 있었다.

특히 대한청년단의 간부진을 보면 6개 청년단체들을 고루 등용하고 있는 것을 알 수 있다. 총재와 단장을 제외한 부단장, 최고지도위원, 사무국장, 기획국장, 선전국장, 훈련국장, 감찰국장, 조직국장, 교도국장, 건설국장, 중앙훈련소장, 서북변사처장과 서북청년단장 등 간부급은 총 21명이었다. 이 중 대동청년단(大同靑年團) 출신이 3명, 서북청년회 출신이 4명, 조선민족청년단 출신이 3명, 청년조선총동맹 출신이 5명, 대한독립청년단 출신이 2명, 그리고 국민회청년단 출신이 1명이 포진되었다. 이 중 국민방위군 사건에 관여한 김윤근과 윤익헌, 그리고 국민방위군으로부터 돈을 받았다고 자인(自認)한 지청천(池靑天·광복군총사령관) 등이 대동청년단 출신이라는 것도 연구 대상이다.

전국적인 조직망을 확보한 대한청년단은 강령과 임원진을 발표하고, 단원을 조직적으로 훈련시키는 등 조직 강화에 심혈을 기울였다. 대한청년단의 기본목표는 공산주의자를 처단하고 조국통일을 달성하는 것이었다. 이러한 목표와 취지에 따라 대한청년단은 본격적인 행동에 들어가면서, 육군사관학교 제8기[6]에 단원 200여 명을 입교시키고, 또 정부와 협의하여 1949년 11월에는 군사조직체인 청년방위대를 창설하기에 이르렀다.

---

6) 조선민족청년단(단장 이범석) 출신의 이준식(李俊植·육군중장 예편), 권준(權晙·육군대령 예편), 안춘생(安椿生·육군중장 예편) 장군 등이 대표적 인물이다.

〈표 10〉 대한청년단 간부 현황

<table>
<tr><th>대한청년단
직 책</th><th>성 명</th><th>출신 청년단</th><th>대한청년단
직 책</th><th>성 명</th><th>출신 청년단</th></tr>
<tr><td>총 재</td><td>이승만</td><td>대통령</td><td>선전국장</td><td>김광택</td><td>서북청년단</td></tr>
<tr><td>단 장</td><td>신성모</td><td>내무부장관</td><td>훈련국장</td><td>유지원</td><td>청년조선총동맹</td></tr>
<tr><td rowspan="2">부단장(3)</td><td rowspan="2">이성주
문봉제
강인봉</td><td rowspan="2">대동청년단
서북청년단
조선민족청년단</td><td>감찰국장</td><td>김윤근</td><td>대동청년단</td></tr>
<tr><td>조직국장</td><td>박용직</td><td>청년조선총동맹</td></tr>
<tr><td rowspan="4">최고지도위원(7)</td><td rowspan="4">강낙원
서상천
유진산
장택상
지청천
전진한
노태준</td><td rowspan="4">국민회청년단
대한독립청년단
청년조선총동맹
외무장관
대동청년단
사회부장관
조선민족청년단</td><td>교도국장</td><td>심명섭</td><td>조선민족청년단</td></tr>
<tr><td>건설국장</td><td>김두한</td><td>청년조선총동맹</td></tr>
<tr><td>중앙훈련소장</td><td>김 건</td><td>청년조선총동맹</td></tr>
<tr><td>서북변사처장</td><td>차종연</td><td>서북청년단</td></tr>
<tr><td>사무국장</td><td>윤익헌</td><td>대동청년단</td><td rowspan="2">서북청년대장</td><td rowspan="2">김성주</td><td rowspan="2">서북청년단</td></tr>
<tr><td>기획국장</td><td>이 영</td><td>대한독립청년단</td></tr>
</table>

자료: 선우기성, 『한국청년운동사』, 금문사, 1973, pp.762－763.

이에 따라 국방부는 간부 양성을 위해 1949년 12월 1일 충남 온양에 '청년방위간부훈련학교'를 설치하는 한편, 대한청년단 배속장교와 호국군 출신 장교를 이 훈련학교에서 교육을 받게 한 후 고급간부로 임용하였다. 이러한 준비와 간부훈련을 통해 청년방위대는 1950년 3월 15일에 1차 조직편성을 완료하였고, 그해 5월 5일에는 육군본부 직할로 사단급에 해당하는 20개의 청년방위단을 창설하여 조직편성을 완료하였다.

대한청년단은 조선민족청년단의 단원(團員) 훈련 경험을 적극 도입·활용하여 전국의 간부 및 일반 단원훈련을 체계적으로 훈련시켰다. 먼저 지방단부 간부급 및 훈련책임자들을 중앙훈련소에서 훈련시킨 다음 단원들을 훈련하는 방식을 취하였다.[7] 훈련 수료자들은 청년단 배속장교가 되어 지방단부에 배치하였다.[8] 지방단부의 단원 훈련은 지역 사정에 따라 시기와 장소, 방법 등을 통해 짜임새 있게 실시하였다.

각 지방단부는 보통 5일에서 20일간 해당 지역 국민학교에서 합숙훈련을 실시하였다. 훈련 내용은 대체로 정신 무장에 관계되는 공민(公民)교육, 기초훈련부터 전투훈련에 이르기까지 다양한 훈련을 실시하였다. 이처럼 단원들에게 군사훈련을 실시한 이유는 당시 산악 지역에 근거를 두고 있던 공비토벌에 군・경 보조요원으로 동원하기 위해서였다.

실제로 대한청년단은 경찰과 합동작전에서 1,014명의 전사자를 냈다.[9] 이렇게 대한청년단이 토벌활동에 동원된 것은 여・순 10・19사건과 대구 주둔 제6연대 반란 사건 등으로 국군을 신뢰하지 않으려던 우익 진영의 당시 분위기와, 치안유지와 공비토벌에 경찰력이 부족하였기 때문에 미군정기 때부터 가장 확실한 반공 세력이었던 청년단체를 활용하게 되었다.

청년방위대의 주요 간부진은 대한청년단 임원인 김윤근(단장), 문봉제(부단장), 박경구, 유지원, 윤익헌, 강낙원 등이 차지하였고, 각 방위단장은 대부분 대한청년단 지방단부의 단장급으로 구성되었다. 또 청년방위대의 대원 대부분이 대한청년단 단원들이었다.[10] 청년

---

7) 『동아일보』, 1949. 4. 24. 대한청년단의 간부훈련은 육군사관학교와 수도여단 제17연대, 청량리 국립청년훈련소 등에서 실시하였다.

8) 『부산일보』, 1949. 7. 3.

9) 전사자는 전체 1,014명으로 전남 351명, 제주 196명, 경북 185명, 경남 155명, 충북 56명, 전북 51명, 강원 17명, 충남 3명 등이다. 류상영, 「초창기 한국경찰의 성장과정과 그 성격에 관한 연구(1945~1950)」, 연세대 정치학과 석사학위논문, 1987, p.116.

10) 건국청년운동협의회, 『건국청년운동사』, 1990, p.1508.

방위대는 대원들에게 훈련을 실시하려던 순간에 6·25전쟁을 맞게 되어 조직적인 활동을 수행하지는 못하였으나, 중국군의 참전으로 전세가 악화되자 정부는 대한청년단을 기간으로 하고 제2국민병역을 대상으로 하여 국민방위군 조직에 착수하였다. 결국 국민방위군은 대한청년단과 청년방위대원들이 합류함으로써 인적 구성을 이루게 되었다.

또한 대한청년단은 중공군 개입에 따라 장정들을 보호 및 소개하기 위해 설치되는 국민방위군 창설에도 주도적 역할을 하였다. 정부는 이미 1950년 10월 20일경부터 제2국민병역의 등록을 받기 시작하였으며, 제2국민병역에 해당되는 사람들을 정부에 신고하도록 하여 강제로 국민방위군에 편입하였다. 정부는 국민방위군 운영 일체를 대한청년단에 일임하였다.

대한청년단은 국민방위군을 효율적으로 운영하기 위해 간부들을 육군고등군사반에 입교시켜 특별훈련을 실시하였고, 방위사관학교에서도 간부후보생을 모집하여 소정의 교육을 필한 후 방위장교로 임명하였다.[11] 이렇게 해서 국민방위군 중위 이상의 간부들은 모두가 대한청년단 출신으로 이루어지게 되었다.[12]

이와 같이 대한청년단은 청년방위대와 국민방위군 창설에 산파역(産婆役)을 했을 뿐만 아니라 반공우익청년단체로서 모병업무, 공비소탕작전, 치안유지 등 군과 경찰 업무도 보좌하였다.

---

11) 위의 책, p.1507.

12) 홍사중 외, 『전환기의 내막』, 조선일보사, 1982, p.553.

2. 청년방위대의 창설 배경과 편성, 전시 활동

청년방위대는 우리나라 최초의 예비군인 호국군[13]이 해체된 이후인 1949년 11월 초 대한청년단을 주축으로 창설되어 리(里) 단위까지의 전국적인 조직망을 편성하여 1950년 4월 조직을 완료하였으나, 1950년 6월 25일 6·25전쟁이 발발하자 훈련도 제대로 받지 못하고 분산되었다. 그러나 청년방위대는 비상시향토방위령에 의해 설치된 자위대의 주요 간부에 임명되어 경찰과 함께 후방의 치안유지 및 공비소탕작전에 참가하였고, 청년방위대 배속장교들은 현역으로 소집되어 전선에 배치되기도 하였다. 그러던 중 국민방위군이 창설되면서 청년방위대 소속의 대한청년단원들이 대거 국민방위군 창설 요원으로 활동하였을 뿐만 아니라 방위대 각 단에 파견되어 나와 있던 현역인 훈련지도관들도 국민방위군의 주요 직책을 맡아 임무를 수행하였다. 따라서 대한청년단과 청년방위대, 그리고 국민방위군은 그 구성원뿐만 아니라 이들 단체 및 부대에 관여했던 현역들도 같은 범주 속에서 그 의미를 찾아야 할 것이다.

1949년 8월 6일 병역법이 법률 제49호로 공포·시행되고,[14] 이에 따라 동년 8월 31일 호국군이 해체되자 당시 긴박한 국내정세에 비추어 민병 20만 명의 편성을 역설한 이승만 대통령의 지시에

---

13) 여순사건 후 호국군의 필요성이 제기되고, 1948년 11월 20일 긴급대통령령으로 임시조치령이 공포되어 1949년 4월 8일 창설되었다. 호국군은 예비역으로서 생업에 종사하면서 필요한 군사훈련을 받았다. 국방부 전사편찬위원회, 『한국전쟁사』 제1권, 1967, pp.353-355 ; 『동아일보』, 1949. 4. 10.

14) 공보처, 『관보』 149호, 1949. 8. 6.

따라 병역법 제77조[15]의 규정에 의거 1949년 11월 초에 대한청년단을 주축으로 하여 청년방위대를 창설하기에 이르렀다.

한편 대한청년단에서도 청년방위대 창설을 위해 1950년 1월 초 제2회 대한청년단 전국대회 및 중앙집행위원회를 열어 청년방위대 편성 문제를 논의하였고,[16] 1950년 3월 초에는 청년방위대 조직을 위한 세부사항을 발표하기에 이르렀다.[17]

청년방위대의 편성은 대한청년단을 주축으로 하되 그 간부요원은 대한청년단 배속장교와 해체된 호국군 장교를 우선적으로 선발하여 소정의 보수교육을 필하게 한 다음 임명하였다. 방위대의 편성은 전국 시도에 지구별로 사단급에 해당하는 방위단(防衛團)을 설치하고 그 밑에 군(郡) 단위로 지대(支隊, 연대급), 면(面) 단위로 편대(編隊, 대대급), 리(里) 단위로 구대(區隊, 중대급) 또는 소대를 편성하였다. 지구별 방위단장에는 방위중령을, 지대장에는 방위소령을, 편대장에는 방위대위를, 구대장에는 방위중위를 소대장에는 방위소위를 각각 임용하였다.

또한 육군에서는 1949년 12월 15일 청년방위대를 육성하기 위해 육군본부 교도국(敎導局)을 청년방위국(靑年防衛局)으로 개편하고,[18] 각 단(團), 지대, 편대에는 고문단을 설치하여 교육훈련에 임

15) 병역법 제77조는 "청년에 대하여는 병역에 편입될 때까지 대통령이 정하는 바에 의하여 군사훈련을 실시한다."라는 규정이 있다.

16) 『조선일보』, 1950. 1. 8.

17) 『조선일보』, 1950. 3. 12. 세부사항은 30세 미만의 청년을 동원하여 민병을 조직한 후 호국군과 민보단(民保團)의 우수한 청년을 장교로 임명하고, 나머지 청년들을 대한청년단에 합류시키는 것이었다.

18) 「국본일반명령(육) 제72호」, 1949. 12. 17. ① 1949년 12월 15일 영시부로 육군본부 교도국을 청년방위국으로 개편한다. ② 교도국의 인원 장비 기타 일체를 동일부로 청년방위국에 편입한다. ③ 청년방위국장은 청년방위대 훈련 조직 운용 일체를 구처(區處)한다.

하였다. 이리하여 청년방위대 조직 편성은 1950년 3월 15일에 완료되었으며, 5월 5일에는 육군본부 직할로 17개단 및 3개 독립단 등 20개 청년방위단(靑年防衛團)의 창설과 이들을 지도할 소령~대령급으로 편성된 훈련지도관을 임명함으로써 청년방위대 조직은 완성을 보게 되었다. 이들 청년방위대의 간부들과 대한청년단, 그리고 청년방위대에 파견된 현역으로 편성된 훈련지도관의 현황은 다음 <표 11>과 같다.

〈표 11〉 청년방위대 간부 · 대한청년단 간부 · 훈련지도관 현황[19]

성 명	청년방위대 직책	대한청년단 직책	방위대 훈련지도관
김윤근(金潤根)	청년방위부장	부 단 장	대한청년단단본부 대령 박시창
문봉제(文鳳濟)	청년방위차장	부 단 장	
박경구(朴經九)	청년방위차장	감찰국장	
유지원(柳志元)	총무국장	훈련국장	
윤익헌(尹益憲)	경리국장	총무국장	
강낙원(姜樂遠)	제 1 단장(서울)	최고지도위원	대령 김완룡
김득하(金得河)	제 2 단장(인천)	인천시단장	대령 김정호
김승한(金承漢)	제 3 단장(수원)	종로구단장	대령 백홍석
현현문(玄鉉文)	제 4 단장(개성)	·	대령 이치업
박승화(朴勝夏)	제 5 단장(춘천)	강원도단장	대령 장 흥
임용순(任容淳)	제 6 단장(강릉)	삼척지단장	소령 권용성
허 화(許 昳)	제 7 단장(청주)	충북도단장	대령 전봉덕
최익수(崔益秀)	제 8 단장(천안)	·	소령 신구현
박병언(朴炳彦)	제 9 단장(대전)	·	대령 오광선
김정식(金貞植)	제10단장(영주)	영주군단장	소령 이기우
남재수(南在壽)	제11단장(안동)	·	소령 신 철
홍명섭(洪命燮)	제12단장(대구)	·	소령 이용선
이인목(李仁睦)	제13단장(부산)	경남도단장	소령 이두황
이관수(李寬洙)	제14단장(진주)	·	중령 이동철
조백린(趙白麟)	제15단장(전주)	전주부단장	대령 이용문
황우수(黃祐洙)	제16단장(순천)	·	소령 최우장
신태익(申泰翊)	제17단장(광주)	전남도단장	소령 김우윤
강민엽(姜民葉)	독립제1단장(옹진)	·	중령 박영호
강성곤(姜成健)	독립제2단장(제주)	제주도단장	소령 이익영
김연익(金然翊)	독립제3단장(의정부)	·	소령 전제선

자료: 『육본특별명령(갑) 제70호』, 1950. 3. 16 ; 『조선일보』, 1950. 4. 2.

대한청년단 임원인 김윤근,[20] 박경구, 유지원, 윤익헌[21] 등은 청년방위대뿐만 아니라 국민방위군에서도 주요 핵심 직책을 겸직하였다. 김윤근은 건국 준비위원회, 청년연맹, 대동청년단, 대한청년단, 청년방위대에서 주요 직책을 두루 경험하였으나, 군 경력은 전무한 실정이었다. 그러나 그는 군 경험이 없으면서도, 어떤 경로로 장군에 임명되었는지는 정확히 알려지지 않았다. 현재 그의 장교자력표 원본은 없고, 사본(寫本)이 있는데 이마저도 주요 내용은 모두 삭제된 상태로 남아 있어, 이를 파악하기는 현실적으로 어려운 상황이다.

다만 1950년 9월 12일 「국본 특별명령(육) 제59호」에 의거 '소집장교 군번부여'에 따라 '육군대령으로 군번 20710번에서, 군번 200427번'으로 부여받은 기록만 있을 뿐이다. 물론 여기에는 국민방위군의 핵심간부인 유지원, 박경구, 윤익헌, 이병국 등의 이름과 계급, 그리고 군번도 기록되어 있다. 유지원은 소령(군번 201587)으로, 박경구는 중위(군번 201588), 윤익헌도 중위(군번 201589)로, 그런데 국민방위군 작전처장이었던 이병국만 소위(군번 201591)로 기록되어 있다.[22]

---

19) 이 표는 「육본특별명령(갑) 제70호」(1950. 3. 16)와 『조선일보』(1950. 4. 2)를 참고하여 작성한 것임. 그러나 「육본특별명령(갑) 제70호」에는 제6단이 순천으로, 제16단이 강릉으로 되어 있다.

20) 김윤근은 함경남도 출신으로 연희전문상과 졸업. 일제시대 씨름 챔피언, 일본 강도관 유도 5단, 광복 후 대동청년단 감찰부장, 대한청년단 부단장, 청년방위대 사령관을 역임했다.

21) 윤익헌은 경기 용인 출생이다. 그는 경성제일고보 재학 중 동맹휴학사건으로 중퇴, 황포군관학교 졸업 후 독립운동, 대한국군준비대 참여, 광복청년회 총무부장, 대동청년단 총무부장, 대한청년단 총무부장, 국민방위군 창설 후 부사령관, 국민방위군 사건으로 1951년 8월 13일 처형.

22) 「국본특별명령(육) 제59호」, 1950. 9. 12. 이들 중 김윤근을 제외한 유지원, 박경구, 윤익헌 등 이들 세 사람은 1950년 8월 30일 「국본특별명령(육) 제50호」(1950. 8. 29)에 의거 육

청년방위대 각 시도의 방위단장은 대부분 대한청년단 지방단부의 단장급이었다. 특히 중요한 것은 청년방위대 편성과 별도로 대한청년단 총단부를 비롯하여 청년방위대 20개 단(團)에 소령~대령급 현역장교를 훈련지도관으로 임명하여 청년방위대원에 대한 훈련지도를 담당케 하였다.[23] 청년방위대 훈련지도관으로 임명된 고급 장교 중에는 나중에 창설되는 국민방위군 사단장에 임명된 점으로 보아 국민방위군과 청년방위대는 깊은 관계가 있음을 알 수 있다.

한편 청년방위단 간부를 양성하기 위하여 1949년 12월 1일 충남 온양(溫陽)에 설치하였던 '청년방위대간부훈련학교'[24]가 1949년 12월 22일 경기도 수원에 있던 구(舊) 육군보충대 건물로 이전되었다. 방위대간부훈련학교 초대 교장에는 박승훈(朴勝薰 · 육군소장 예편) 대령이 보임되었고, 대원을 훈련하는 이외에 보수반을 설치하고 방위대 고급간부가 될 대한청년단 배속장교와 호국군 장교들도 입교시켜 2주간의 교육을 이수시킨 후 배출하였다.[25] 그러나 청년방위간부훈련학교는 6 · 25 발발 2주 전인 1950년 6월 10일 폐교되었다.[26]

청년방위대도 1950년 6월에 이르러 겨우 그 편성과 조직을 끝내고 본격적인 훈련에 들어갔으나, 6월 25일 6 · 25전쟁 발발로 충분한 훈련도 받지 못한 채 분산되어 간부요원과 일부 대원은 현역에

군 보충장교로 소집된다. 따라서 이들의 임관 근거는 청년방위대간부훈련학교를 졸업 후 예비역 장교로 편입된 것으로 사료된다.

23) 「육본특별명령(갑) 제70호」, 1950. 3. 16.

24) 「국본일반명령(육) 제72호」, 1949. 11. 30.

25) 병무청, 『병무행정사』 상, p.276.

26) 국방군사연구소, 『국방정책 변천사』, 1994, p.43.

편입되고, 나머지 인원은 남쪽으로 피난하게 되었다. 그러나 청년 대원들을 전선에 투입하고 국민방위군이 설치되기 전까지 미국이 요청한 20만 명의 장정 모병 업무를 담당하는 등 후방에서 치안과 전투임무 등을 수행하였다.[27)]

이처럼 청년방위대에 대해 이승만 대통령을 비롯한 정부 수뇌부와 군부에서는 군대 이상의 힘이 있다고 생각했다. 그러기에 청년방위대는 전쟁이 일어나면서 그 역할 및 명칭도 변하였다. 최초에는 순수한 청년단체에서 출발하였으나, 점차 군사성격을 띠어 가다가 전쟁이 발발하자 그 임무도 모병과 공비소탕 등 군사적 업무를 수행하는 과정에서 청년방위군으로 개편되었던 것이다.

따라서 창설 초기 청년방위부장이던 직책이 방위대장에서 군대식 직책인 청년방위대사령관으로 변한 것도 모두 이러한 이유에서이다. 청년방위대가 이러한 변신을 하게 된 시기는 대체로 김윤근의 육군준장 진급과 이후의 국방부 특별명령철에 나와 있는 김윤근의 직책이 청년방위대사령관이라는 직책이 이를 입증해 주고 있다.[28)]

한편 정부가 '장정 후송'을 청년방위대에게 맡기려고 생각한 것은 1950년 12월 4일 이승만 대통령의 지시를 받은 신성모 국방부장관이 장경근 국방부차관과 김윤근 청년방위대사령관을 장관실로 불러 놓고 장정(壯丁) 후송을 지시한 것이 그 시초이었다. 김윤근이 청년방위대사령부가 있는 남대문 무역진흥공사로 돌아와 박경구 부사령관, 윤익헌 총무국장, 문봉제 정보처장 등에게 이 문제를

---

27) 당시 총참모장 정일권 장군은 청년방위대사령관인 김윤근에게 3주일 동안 매일 1만 명씩 20만 명을 동원할 것을 지시하였다. 부산일보사, 『임시수도 천일』 상, 1983, p.163 ; 건국청년운동협의회, 『대한민국건국청년운동사』, p.1505.

28) 부산일보사, 『임시수도 천일』 상, p.155.

꺼내자 방위대간부들은 극력 반대하였다. 그러나 대통령과 국방부 장관의 뜻이 완고하다는 것을 간파하고 있던 김윤근은 국방부장관실에서의 반대 입장과는 달리 방위대 간부들을 설득하여 장정 후송 문제를 맡게 되었다.[29)]

이렇게 시작된 장정 후송은 국민방위군설치법이 통과되기 4일 전인 12월 17일부터 시작되었다. 따라서 청년방위대는 국민방위군의 전신으로서 국민방위군이 창설되기 전에 국민방위군이 해야 될 장정 후송을 이미 실행에 옮기고 있었다. 청년방위대는 장정 후송을 1950년 12월 21일 국민방위군설치법이 통과되고 국민방위군이 창설되자, 제2국민병에 대한 본격적인 이동을 책임지게 되었고, 청년방위대 간부들은 대부분 국민방위군으로 자리를 옮겨 앉게 되었고, 여기에 대한청년단 간부들이 가세하여 국민방위군의 주요 포스트를 구성하였다.[30)]

29) 「전 국민방위군 참모장 박경구 증언」, 『임시수도 천일』 상, pp.155－158.

30) 청년방위대에 관계하지 않은 순수한 대한청년단 주요 인사로는 국민방위군 작전처장인 이병국(청년단 선전국장), 군수처장 김희(청년단 외사부장), 부사령관 윤익헌(청년단 총무국장), 인사처장 유지원(청년단 훈련부장), 강석한(청년단 경리부장) 등이다. 부산일보사, 『임시수도 천일』 상, p.162.

제4장

중공군 개입 이후 예비전력으로서 국민방위군

1. 국민방위군 창설 배경과 국민방위군설치법 제정

(1) 국민방위군 창설 배경

국민방위군 창설은 중공군의 개입과 이후에 따른 국군과 유엔군의 철수에서 나온 한국정부의 불가피한 선택에서 나온 최선의 방책이었다.[1] 중공군 참전은 한국정부와 미국을 비롯한 유엔 참전국에 엄청난 악영향을 미쳤다. 중공군 참전을 계기로 한국정부와 국민은 이 새로운 전쟁이 대한민국의 운명을 좌우하게 될 현실임을 깨닫게 되었다. 이러한 현실에 직면한 이승만 대통령은 우선 대한청년단 대원 50만 명을 무장시키기로 결심하고, 미국에 이들을 무장시킬 무기와 장비를 공식・요청하였다.[2]

1950년 12월 6일 장면(張勉) 주미한국대사는 미국 국무부를 방

---

1) 「국민방위군 사건 수사책임자 101헌병대장 송효순 증언」, 『임시수도 천일』 상, p.156. 장정 후송 문제는 국가적 소명이었고, 병력 확보를 떠나 민심분열 방지를 위한 불가피한 조치였다.

2) 이승만 대통령의 한국 장정 50만 명의 무장요구에 대해서는 중공군 개입 이후 계속된다. 1951년 1월 18일, 1951년 3월 27일, 1951년 4월 30일 이승만은 맥아더와 미국정부에 50만 장정에 대한 무장요구를 계속 촉구하였다. 국방군사연구소, 『Intelligence Report of the Central Intelligence Agency』 16, pp.447, 556, 591.

문하여 이 문제를 논의하였으나, 미 국무부는 '미국이 유엔군에 대한 장비개선도 부담하고 있어 능력이 미치지 못한다.'고 부정적인 반응을 보였다. 이 무렵 국무총리로 임명되어 이임 인사차 백악관을 방문하게 된 장면 대사는 직접 트루먼(Harry S. Truman) 대통령에게 대한청년단 50만 명을 무장시켜 줄 것을 제의하였다. 그는 "기초훈련을 받은 100만 명이 무기지급을 기다리고 있으니, 미국의 조속한 무기지원을 간곡히 부탁한다."고 호소하였다.[3)]

그러나 이러한 한국정부의 대한청년단 무장 요구가 미국 측의 거절로 실패하자, 정부는 국민방위군의 편성 등 총력전 태세 구축을 위해 전력을 다하였다. 이때 정부로서 할 수 있는 최선의 방책은 미국의 지속적인 지원 확보와 한국 내 잠재전력의 보호와 이의 무장화(武裝化)이었다. 당시 중공군의 참전으로 전선 상황은 한국에게 매우 불리하게 전개되었다. 12월 4일 평양철수 이후의 전선 상황은 계속 악화되고 있었다. 여기다가 12월 23일 미 제8군사령관 워커 중장의 전사는 한국군뿐만 아니라 유엔군에게도 커다란 충격이었다.

한편 미국은 12월 11일 국가안전보장회의(NSC: National Security Council)를 열어 휴전을 고려하기로 방침을 정하고 휴전조건을 논의하고 있었다.[4)] 이는 1950년 12월 초순 미 · 영 정상회담에서 6 · 25전쟁을 유엔 주도하에 휴전하기로 전쟁지도 방침을 정하고 휴전위원회를 가동한 데 따른 것이었다. 휴전문제가 거론되면서 12월

---

3) 국방군사연구소, 『한국전쟁』 중, 1996, p.336.

4) James F. Schnabel, Robert J. Watson, *The History of the Joint Chiefs of Staff* (Joint Chiefs of Staff: 1978), 국방부 전사편찬위원회(역), 『미 합동참모본부사』 상, 1990, p.302.

11일 유엔은 38도선 재확정 문제를 논의하였고, 영국 외상 베빈(Ernest Bevin)은 유엔에서 미국과 중공 간 군사적 충돌을 막기 위하여 한반도에 완충지대를 설치하는 안을 거론하였다.[5)]

그러나 중공은 1950년 12월 21일 그들의 답신에서 유엔의 휴전 제의를 거절하고, 유엔 대표도 동시에 철수하였다.[6)] 또 1951년 1월 11일 유엔이 중공의 요구를 일부 수용한 새로운 평화계획안에 대해서도 중공은 1950년 1월 17일 자신들의 요구사항인 유엔 가입, 대만에서 미군 철수 등 종전의 입장을 계속 반복하며 이를 거부하였다.[7)]

또 맥아더 장군의 강력한 확전 조치와 미국 트루먼 대통령의 핵무기 사용[8)]과 관계없이 미 극동사령부는 1950년 6월에 작성된 철군계획 초안을 1951년 1월 7일에 '철군계획'(Operation Plan CINCFE 1-51)으로 발전시켰다. 미국이 극비리에 추진한 이 계획에는 한국정부와 군·경을 제주도로 이전하고, 그 대상인원을 100만 명으로

---

5) 이에 한국정부는 주미한국대사 장면을 통해, 38도선 재확정 절대 반대와 압록강 이남의 완충지대 설치를 반대하는 입장을 강력히 천명하였다. 한표욱, 『한미외교 요람기』, 중앙일보사, 1984, p.129.

6) James F. Schnabel, Robert J. Watson, 국방부 전사편찬위원회 역, 『미합동참모본부사』 상, p.304.

7) 미국은 중공의 이러한 태도를 보고, 중공이 한국에서 유엔군의 구축에 있다는 것으로 판단하고 1950년 12월 16일 국가비상사태 선포에 이어 1951년 1월 20일에는 중공을 침략자로 규정하는 결의안을 상정하여 2월 1일 유엔총회에서 통과시키는 조치를 취했다.

8) James F. Schnabel, Robert J. Watson, 국방부 전사편찬위원회 역, 『미 합동참모본부사』 상, p.273. 미국은 1950년 7월 초순부터 한국전에서의 핵무기 운용계획을 검토 발전시켜 왔다. 그러던 중 핵무기 사용가능성이 높아진 것은 10월과 11월 말 중공군의 공세로 유엔군이 위기에 처하게 되면서부터이다. 이때부터 미 국방부는 대통령에게 핵무기 사용을 건의하고, 장차 사용에 대비해 '지상군 근접지원 핵무기 긴급사용'계획을 수립하고 투발 준비를 추진하였다. 핵무기 운용계획은 1950년 11월 30일 트루먼 대통령이 기자회견에서 핵무기 사용가능성을 직접 시사함으로써 부상하였으나, 영국 수상 애틀리가 12월 4~8일 미국을 방문하여 핵무기 사용은 영국과 협의 없이 사용하지 않겠다는 결정을 함으로써 이 문제는 일단락이 되었다.

판단하였으나, 갈수록 전황이 악화되어 가자 그 대상 범위가 축소되면서 구체성을 보이기 시작하였다.[9] 그렇지만 어떠한 경우에도 일본 철수는 고려하지 않는다는 방침이었다.[10]

이처럼 중공군 참전과 유엔군의 38도선으로의 철수는 한국정부나 국민의 의사와는 전혀 별개로, 통일에 목적을 둔 한국군과 유엔군의 작전부대는 물론이고, 북한을 침략자로 규정하고 한국 지원을 결의한 미국을 비롯한 자유 우방국들은 6·25전쟁에 대한 군사 및 외교정책을 재검토하지 않으면 안 되었다. 한국정부의 통일론을 비롯하여 휴전론(休戰論)과 확전론(擴戰論), 그리고 철군론(撤軍論) 등 개인 및 국가의 입장에 따라 다양한 목소리가 나왔다.

한국정부의 입장에서 볼 때, 이제는 통일이 문제가 아니라 국가 존립 자체가 의문시되는 위기상황이었다. 청천강 전투의 패배에 이어 국군과 유엔군이 평양에서 전면철수하기 이틀 전인 1950년 12월 2일 신성모 국방부장관은 이들의 침략을 총력전으로 분쇄할 것을 촉구하였고, 이승만 대통령도 국민총력전으로 이를 극복하겠다는 중대 성명을 발표하였다. 이에 정부에서는 1950년 12월 7일 전쟁 초기에 이어 두 번째 비상계엄을 선포하였다.[11] 12월 12일에는

9) 최초 철수인원 100만 명은 행정부관리와 그 가족 36,000명, 육군병력 260,000명, 경찰병력 60,000명, 공무원·군인·경찰가족 400,000명, 그리고 기타 인원이었다. 그러나 1951년 1월 13일 미국의 극비문서에 나와 있는 내용은 좀 더 구체성을 띠고 있다. 즉 어떠한 희생을 치르더라도 대피시켜야 될 한국 사람은 채 10만 명에도 못 미치는 인원이다. 이들은 ① 국회의원과 중앙 및 지방의 고위 경찰, 가족을 포함한 정부의 주요직원 3,000명, ② 국군의 고위 간부와 가족을 제외한 기술요원 1,000명, ③ 사회지도자, 목사와 교육자를 포함한 저명한 비정부요원 3,000명, ④ 한국군 50,000명, ⑤ 정보 및 심리전에 사용할 북한 포로 200명, ⑥ 일반 민간인들의 탈출은 지원하지 않는다. 국방군사연구소, 『The US Department of State Relating to the Internal Affairs of Korea』 53권, pp.471－472.

10) 국방군사연구소, 『한국전쟁사』 중, p.352.

11) 정부는 1950년 7월 8일 전·남북을 제외한 전 지역에 비상계엄을 선포한 후, 7월 20일 대

통일대업 완수를 위한 국민결의 대회가 이승만 대통령의 참석하에 서울 운동장에서 열렸고,[12] 12월 14일에는 '청장년은 총칼을 들고 국민은 정신의 무기'를 들고 내 강토를 지키자는 멸공무장국민대회를 개최하였다.

국방부에서도 정규작전은 물론이고 북한지역에서의 비정규전 활동을 위한

부대편성에 들어갔다. 이때부터 6·25전쟁에서 활동한 대부분의 유격부대들이 조직되어 활동하였다. 여기에는 육군본부 직할 결사유격대,[13] 강화도의 을지제2병단, 백령도의 미 제8군의 표(豹)부대(Leopard부대), 국군 제1사단의 제5816부대, 부산의 베이커(Baker) 기지 등을 창설하여 서해안 및 동해안, 그리고 북한 내륙지역에서 적정수집 등의 첩보활동을 하였다.[14]

이처럼 정부와 국방부는 12월 중순부터 시작된 끝을 모르고 후퇴하는 상황 속에서 나온 철수론과 휴전론, 그리고 중립지대안 등 전쟁 주변 환경의 악화에 따른 국가비상사태에 대처하기 위해 국민총력체제를 고려하지 않을 수 없었다. 그러나 당시 자원도 빈약하고 자체 방위산업도 발달하지 못한 한국의 입장으로서 할 수 있는 최선의 방안은 잠재인력인 장정들을 확보하여 보호하는 것이었다. 이러한 배경에서 출발한 것이 '국민방위군' 창설이다.

전이 함락되자 다음 날인 7월 21일 전남·북을 포함한 전 지역에 대한 비상계엄을 확대·실시하였다.

12) 국방군사연구소, 『한국전쟁』 중, p.332.

13) 결사유격대는 백골병단(白骨兵團)으로 개칭된 후, 다시 동해안에 설치된 을지 제1병단에 흡수되었다. 을지 제1병단은 나중에 커크랜드 기지에 흡수된다.

14) 국방군사연구소, 『한국전쟁』 중, pp.484－489.

(2) 국민방위군설치법 제정과 내용

국민방위군설치법은 정부가 작성한 설치법안이 1950년 11월 20일 국회에 제출되고,[15] 국회에서는 1950년 12월 15일까지 외무분과위원회의 심의를 실시한 후, 그다음 날인 12월 16일[16] 국회 본회의에서 상정하여 통과시킨 법이었다. 정부는 국회에서 이송되어 온 국민방위군설치법을 12월 19일 접수하여 5일 뒤인 1950년 12월 21일 법률 제172호로 공포하였다. 12월 21일에 공포된 「국민방위군설치법」은 전문 11조 및 부칙으로 구성되었다.[17]

국민방위군설치법(법률 제172호)

제 1 조 본 법은 국민방위군의 설치조직과 편성의 대강을 정하여 국민개병의 정신을 앙양시키는 동시에 전시 또는 사변에 있어서 병력동원의 신속을 기함으로 목적으로 한다.

제 2 조 국민으로서 연령 만 17세 이상 40세 이하의 남자는 지원에 의하여 국민방위군에 편입될 수 있다. 제3조 다음에 각 호에 해당하는 자는 국민방위군에 편입할 수 없다.

1. 현역군인, 군속
2. 경찰관, 형무관
3. 병역법 제66조 각 호의 1에 해당하는 자[18]

---

15) 정부기록보존소 소장, 「국민방위군 설치법안 이송의 건」.

16) 1950년 12월 16일은 매우 의미심장한 날이다. 이날 미국의 트루먼 대통령은 중공의 개입과 이에 따른 한국군과 유엔군의 청천강 및 평양 철수에 이어 적의 강요에 의한 38도선으로의 후퇴를 하게 되자 국가비상사태를 선언하고, 이 전쟁을 새롭게 인식하게 되었다.

17) 1950년 12월 21일 법률 제172호로 공포되었다. 이 법은 국민방위군의 설치・조직과 편성의 대강을 정하여 국민개병의 정신을 앙양시키는 동시에 전시 또는 사변에 있어서 병력동원의 신속을 기함을 목적으로 한 법률로서 전문 11조 부칙 2항으로 구성되어 있다. 그러나 국민방위군은 1951년 5월 12일 법률 제195호로 공포된 국민방위군폐지법에 의하여 해체되었다.

4. 비상시향토방위령에 의한 자위대 대장, 부대장
5. 병역법 제78조에 의하여 군사훈련을 받는 학생, 생도

제 4 조 국민방위군은 지역을 단위로 하여 편성함을 원칙으로 한다. 단, 국방부장관이 정하는 다수인원이 근무하는 관공서, 학교, 회사, 기타 단체에 있어서는 그 단위로 편성할 수 있다.

제 5 조 국민방위군은 육군총참모장의 명에 의하여 군사행동을 하거나 군사훈련을 받는 이외에는 정치운동, 청년운동과 일반치안에 관여할 수 없다.

제 6 조 전시 또는 사변에 제하여 군 작전상 필요한 때에는 병역법의 정하는 바에 의하여 집단적으로 국민방위군을 소집할 수 있다.

제 7 조 국민방위군에 사관을 둔다. 사관은 육군총참모장의 상신에 의하여 국방부장관이 임면한다. 사관의 등급은 육군 편성 직위에 준한다.

제 8 조 육군총참모장은 국방부장관의 지원을 받아 국민방위군을 지휘감독한다.

제 9 조 국민방위군 사관 및 사병은 육군총참모장의 지휘하에 작전에 종사하거나 동원되었거나 훈련을 받는 기간에 한하여 군복을 착용한다. 전항의 기간 중에는 군사에 관한 법령의 적용을 받는다.

제10조 국민방위군의 병력, 배치, 편성, 훈련 및 소속 사관 사병의 임면, 복무연한 기타 필요한 사항은 본 법에 규정된 이외는 대통령령으로 정한다.

제11조 본 법의 규정은 병역법의 규정을 배제할 수 없다.

부 칙

본 법은 공포한 날로부터 시행한다.

청년방위대 등 군사유사단체는 본 법 시행일로부터 해체한다.

그러나 국민방위군설치법은 1950년 12월 16일 정부안(政府案)대로 통과되지 않고, 국회의 수정안으로 최종 통과되었다. 12월 16일 국회 제16차 본회의는 상오 11시 20분 장택상(張澤相) 국회부의장 사회로 개회, 조병옥(趙炳玉) 내무부장관, 장경근 국방부차관, 사회

18) 병무소집 또는 간열 소집의 면제 대상자.

부차관 출석하에 전시대책에 관한 박영우, 이진수 의원 등의 질문에 내무부장관과 국방부차관의 답변을 듣고 나서 「국민방위군설치법안」을 상정, 국회가 제안한 수정안을 통과시켰다. 동 법안내용골자는 만 17세~40세 이하인 남자는 지원에 의하여 국민방위군에 편입한다는 것이었다. 그러나 현역군인・군속・경찰관・형무관, 병역법 제66조 각 호의 1에 해당하는 자 및 비상시향토방위령에 의한 자위대 대장(自衛隊長)과 부대장(副隊長), 그리고 병역법 제78조에 의하여 군사훈련을 받는 학생・생도 등은 제외하였다. 또 국민방위군은 총참모장의 명에 의하여 군사행동을 하거나 군사훈련을 받는 이외에는 정치활동 및 청년운동 그리고 일반치안에 관여할 수 없도록 하였고, 부칙에 청년방위대 등 군사유사단체는 본 법 시행일로부터 해체한다는 것이었다.[19]

국민방위군이 창설되기 이전 경찰 및 군의 보조역할을 해 왔던 대한청년단과 대한청년단의 기간요원을 중심으로 조직된 청년방위대는 준군사기구로서 치안유지, 공비소탕, 모병업무 등의 활동을 하고 있었다. 그러나 국민방위군의 창설로 그 한 축을 담당해 왔던 청년방위대가 해체되고 국민방위군이 기존의 두 단체가 맡아 왔던 업무 중 경찰에 대한 보조역할을 폐지하고, 군사 활동에만 전념하게 하였다. 따라서 대한청년단으로부터 시작하여 청년단 배속장교, 호국군, 청년방위대로 이어지는 예비군 및 준군사조직이 국민방위군으로 최종 통합됨으로써 국민개병주의를 완성하고 병력의 신속한 동원을 위한 군사조직으로 전환하는 계기를 이루었던 것이다.

19) 『조선일보』, 1950. 12. 17(일).

2. 국민방위군 지휘계통과 조직

(1) 국민방위군의 지휘체계

1950년 12월 21일 국민방위군설치법이 법률 제172호로 공포되자, 국민방위군은 법적인 토대 위에서 편성에 착수하였다. 국방부는 국민방위군설치법에 따라 1948년에 설치된 대한청년단과 1949년에 창설된 청년방위대[20]를 근간(根幹)으로 하여 국민방위군사령부를 설치하고 제2국민병 소집과 병행하여 교육대가 있는 경상남북도 및 제주도 지역으로 이동을 실시하게 되었다. 또한 국민방위군을 지도 · 감독할 기구인 국민방위국(國民防衛局)을 1951년 1월 1일부로 육군본부에 설치하여 운영하였다. 국민방위국은 국민방위군에 관한 민사 · 군사 사항 일체에 대해 육군총참모장을 보좌하는 특별참모부였다.

따라서 국민방위군사령부를 중심으로 육군본부에는 국민방위국이 1951년 1월 1일부로 설치되어 운영되었고, 국민방위군사령부는 국민방위군설치법에 의하여 국민방위군사령부와 예하 52개 교육대가 경남북 및 제주도 지역에 편성 및 설치되어 68여만 명에 이르는 제2국민병을 수용할 준비를 갖추게 되었다.

그러나 국민방위군 간부들의 현역 임관명령에 대한 근거가 될

---

20) 청년방위대도 논란의 대상이다. 1951년 2월 11일 김윤근의 최종 전속명령을 보면 청년방위사령부에서 국민방위군사령부로 전속되는 내용에서 몇 가지 사항을 발견할 수 있다. 청년방위대와 청년방위사령부와의 관계가 그 첫 번째이고, 다음은 청년방위대는 국민방위군설치법에 의거 해체하기로 되어 있는데도 청년방위대 및 청년방위대고문단으로의 장교인사명령이 계속해서 나오기 때문이다.

만한 기록은 없다. 특히 김윤근 사령관의 장군 진급에 관한 정확한 내용에 관해서는 전무한 실정이다. 다만 김윤근의 장교자력표 사본에 의하면, 1950년 10월 20일 준장 진급[21]과 정부의 국민방위군설치법안 국회 상정시기가 동일하다는 점에 주목할 필요가 있다. 이때 정부에서는 이미 국민방위군 창설을 계획하면서 김윤근을 육군준장으로 임관시키고, 김윤근이 맡고 있던 청년방위대도 군사조직인 청년방위군사령부로 개편하면서 그를 사령관으로 임명한 뒤, 국민방위군의 창설과 운영을 맡겼던 것으로 판단된다.[22] 이처럼 국민방위군사령부를 비롯한 교육대의 창설 과정과 이의 편성 및 지휘관 인적사항에 대한 군(軍)의 공식자료는 물론이고, 이에 관한 학계의 연구가 전무한 실정이기 때문에 이 부분에 대해서는 기존의 연구 및 국방부 관계문서를 통해 단편적인 내용을 중심으로 재구성할 수밖에 없다.

국민방위군사령관은 민간인 출신으로 대한청년단장이자 청년방

21) 1950년 10월 20일 김윤근의 육군준장 임명은 국민방위군과 관계없는 청년방위대사령관으로 임명하기 위한 절차로 판단된다. 국민방위군은 법적으로 1950년 12월 21일 설치되었기 때문에 국민방위군과 장군 진급과는 연계해서 생각할 필요가 없다고 본다. 1950년 10월 20일 김윤근의 장군 진급과 청년방위대의 군사조직화는 당시 상황이 중공군과 직접적인 관련이 없는 시기이고 오히려 북진통일을 바라보는 시기이기 때문에 당시 부족한 치안병력 확보나 북한 점령지역으로 투입하기 위한 조치였는데, 12월 전선 상황이 악화되면서 정규군을 이용할 수 없는 상황에서 청년방위대와 대한청년단을 국민방위군의 기간조직으로 삼고 김윤근을 국민방위군사령관으로 임명했을 가능성이 높다.

22) 김윤근의 행적을 살펴볼 때, 국민방위군 창설은 내부적으로 1950년 10월 20일 이미 창설준비를 갖춘 상태에서 중공군의 참전이 계기가 되어 동년 12월 21일 국민방위군설치법안이 통과되자, 전면에 나서게 되었던 것으로 판단된다. 이러한 점에서 청년방위대도 10월 20일을 전후하여 청년방위대에서 군사조직체인 청년방위사령부로 개칭되고 김윤근을 사령관에 임명하기 위해 현역 육군준장으로 임명하였을 가능성이 높다. 그러던 차 중공군의 개입으로 제2국민병을 보호할 필요성이 제기되고, 청년방위사령부의 '청년'이라는 개념이 17~40세라는 제2국민병을 수용할 수 없게 되자, 그 명칭을 국민방위군으로 개칭하고, 청년방위대의 조직과 인원을 그대로 인수했을 가능성이 높다.

위대사령관[23])이던 김윤근을 1950년 10월 20일부로 육군준장으로 임관시킨 뒤 국민방위군사령관으로 임명하였는데 국민방위군사령관 임명에 관한 근거가 될 국방부 및 육군본부의 특별명령철은 그 유무조차 아직 확인되지 않고 있다.[24]) 김윤근의 군대 경력에 대해서는 1950년 9월 12일 '소집장교 군번부여' 시 육군대령으로 확인되었고,[25]) 육군준장으로는 1950년 11월 5일 전속명령으로 청년방위대고문단에서 육군본부로 전속한다는 인사명령이다.[26]) 그리고 1951년 2월 11일 육군준장 김윤근을 비롯하여 육군대령 유지원, 윤익헌, 박경구 등이 청년방위대사령부에서 국민방위군사령부로 전속한다는 인사명령이 있을 뿐이다.[27])

육군본부 내에 설치된 국민방위국장은 현역인 이한림(李翰林 · 육군중장 예편 · 군사령관 역임) 육군준장으로 국민방위군사령관과 동일 계급이었다. 국민방위국장은 자체 예하 조직을 갖고서 국민방위군 업무에 대해서 육군총참모장을 보좌하였다. 그러나 국민방위군사령부 및 예하 부대 간부들이 대부분 군적(軍籍)에 포함되지 않는 방위장교(防衛將校)들인 데 비해 국민방위국 내 간부 및 사병들은 모두 현역으로 편성되어 운영된 점이 커다란 차이점이라 할 수

23) 청년방위대 사령관의 직책은 시간이 경과함에 따라 바뀌고 있다. 청년방위대 창설 시에는 청년방위부장이었다가 6 · 25 발발 후에는 청년방위대장, 그리고 국민방위군 창설 무렵에는 청년방위대사령관으로 그 명칭이 변화하고 있다.

24) 1950년 10월 20일 준장 진급에 관한 내용은 「김윤근 장교자력표」 사본에서 유일하게 기록되어 남아 있는 내용이다.

25) 「국본특별명령(육) 제59호」, 1950. 9. 12.

26) 「육본특별명령(갑) 제240호」, 1950. 11. 5. 이 명령서에는 육군중령으로 진급한 유지원, 박경구, 윤익헌 등이 청년방위대간부훈련학교로부터 청년방위사령부로의 인사명령도 포함되어 있다.

27) 「육본특별명령(갑) 제133호」, 1951. 2. 11. 이 명령지에는 이들 외에도 중령 김광택, 소위 홍윤표, 소위 이병국, 소위 오현석, 소위 김두호, 소위 최유근, 소위 손창섭 등이 포함되어 있다.

있겠다. 이 밖에도 국민방위군사령부 예하에는 소집된 제2국민병을 수용하여 교육시킬 교육대가 편성되었는데 이들을 책임지고 있는 간부들 또한 방위장교 출신들로 구성되었다.

특히 지휘체계와 관련해서 이들을 규정한 공식 문건이나 서류는 아직 확인된 바 없다. 그러나 이와 관련된 모든 자료와 내용을 검토해 볼 때 국민방위군사령관은 국민방위국장의 통제를 받게 되었고, 국민방위국장은 국민방위군과 관련된 내용을 총참모장에게 보고했을 가능성을 배제할 수 없다. 그러나 당시 전선의 긴박한 상황과 인원보충이 이루어지지 않아 정상적인 업무수행이 어려웠을 가능성이 크다.[28)]

또 국민방위군이 관계하고 있는 기관의 복잡성을 들 수가 있다. 국민방위국은 국방부와 육군본부를 비롯하여 제2국민병 소집을 담당하는 병사구사령부, 제2국민병에게 이동 시 숙식을 제공할 행군로상에 있는 행정관서, 그리고 교육대가 위치한 지역 행정관서 등으로 복잡하게 얽혀 있었고, 초기 인원이 부족한 상황에서 국민방위군에 대한 정확한 상황 파악이 어려웠을 가능성도 판단할 필요가 있다.

방위장교들은 현역 장교와 임관과정이 전혀 달랐다. 당시 현역 장교들은 주로 육군사관학교나 간부후보생 및 현지임관장교들로

---

28) 실제 국민방위국이 창설된 후 국민방위국으로 전속된 일반 장교들에 대해서는 육군특별명령에 나와 있다. 최초의 명령은 국민방위국이 창설된 10일 후인 1951년 1월 11일 대위~중령급 장교 14명을 시작으로, 1월 17일에 1명, 1월 24일 10명, 2월 11일 7명, 그리고 2월 15일에 1명 등 그 조치가 매우 느리게 진행되고 있음을 알 수 있다. 「육군본부 특별명령(갑) 제35호(51. 1. 11)」, 「육군본부 특별명령(갑) 제52호(51. 1. 15)」, 「육군본부 특별명령(갑) 제60호(51.1.17)」, 「육군본부 특별명령(갑) 제87호(51.1.24)」, 「육군본부 특별명령(갑) 제133호(51.2.11)」, 「육군본부 특별명령(갑) 제144호(51.2.15)」.

소정의 군사교육을 받은 자들로 임관된 반면, 방위장교들은 대부분이 대한청년단 출신들로 온양에 있는 방위사관학교에서 약 2주간의 기초군사교육을 받고 임관된 자들로 군대 경

험이 전혀 없거나 현역에 비해 군대경력이 일천한 자들이었다.

이러한 점을 고려할 때, 국민방위군을 중심으로 하는 지휘체계는 정상적으로 운영되기가 쉽지 않았을 것이라는 판단을 할 수 있다. 왜냐하면 국민방위군은 12월 21일 국민방위군설치법에 의해 설치되기는 하였으나, 이의 상급기구인 국민방위국은 1951년 1월 1일 창설되었고, 교육대와 방위사관학교 설치는 국민방위군사령부 설치 시기와 비슷한 것으로 추정되기 때문이다. 더욱이 이들의 관계를 나타내고 있는 공식문서나 서류 또는 명령철이 확인되고 있지 않은 상태에서 이 문제에 대한 언급은 그저 조심스러울 뿐이다.

다만 본고에서 추측할 수 있는 것으로는 국민방위군이 전쟁의 새로운 국면을 맞이하여 부득이한 상황에서 국가가 취한 최선의 선택이었고, 소관 부서인 국방부는 이를 효율적으로 시행하기 위하여 국민방위국과 방위군 교육대, 그리고 방위사관학교를 설치하여 당시의 어려운 전황(戰況)을 타개하기 위해 최선의 노력을 다하고 있음을 알 수 있다. 그러나 국민방위군은 그 수적인 규모나 조직면에서 너무 방대하였고, 이를 책임지고 있는 간부들은 경험이 부족한 방위장교 출신이었고, 그리고 가장 중요한 것은 한국군과 유엔군의 후퇴 속에서 일어나고 있는 1·4후퇴와 서울의 재실함(失陷), 유엔군의 철군문제 등 어수선한 상황하에서 이들을 지휘하고 감독할 유일한 기관인 육군본부나 국방부조차도 이들에게 관심을 보일 여력이 전혀 없이 대한청년단 출신의 국민방위군 간부들에

의해서 운영되었다.

결국 이러한 관심 부족과 전선 상황의 악화, 그리고 상급기관의 정상적인 감독기능이 이루어지지 않는 가운데 국민방위군 사건이라는 건군(建軍) 사상 최악의 사건을 낳게 되었고, 이는 급기야 출범 5개월째인 1951년 4월 30일에 국민방위군폐지법안이 국회에서 통과됨에 따라 10여 일 뒤인 5월 12일 폐지법 공포와 함께 국민방위군은 결국 해체되었던 것이다. 그러나 국민방위군은 예비전력 확보라는 임무와 기능을 1951년 5월 5일부로 대구(大邱)에서 창설되는 예비 제5군단에 인계함으로써 그 명맥을 유지하게 되었다.[29)]

(2) 육군본부 내 특별참모부서로 국민방위국 설치

국민방위국(國民防衛局)은 국민방위군설치법에 의해 창설된 국민방위군에 대한 민사 및 군사사항 일체를 지도·감독하기 위해 육군본부 특별참모부로 설치되었다.[30)] 정부 수립 이후 국방부는 국민방위국과 유사한 성격의 특별참모부를 예비군 및 모병 및 준군사기구 창설 시마다 육군본부에 설치하여 운영하였다.

대한민국 최초의 예비군인 호국군을 창설한 뒤에는 호군국(護軍局)을, 병사구사령부를 설치한 뒤에는 교도국(教導局)을, 청년방위대를 창설한 뒤에는 청년방위국(青年防衛局)을, 그리고 국민방위군

---

29) 「육본일반명령 제51호」, 1951. 5. 2. 1951년 5월 5일 영시(零時)부로 대구에 제5군단(예비군단)사령부를 창설한다.

30) 국민방위국 창설에 관한 내용은 「국방부 일반명령(육) 제6호」(1951. 1. 10) 제3조 4항 임무란 참조.

을 창설한 뒤에는 국민방위국(國民防衛局)을 설치하여 운영하였다.

국민방위국은 1951년 1월 1일 국민방위군을 지도·감독할 목적으로 「국본 일반명령 제6호」에 의거 육군본부 특별참모부로 설치되었다.[31] 그 당시 전선 상황은 국군과 유엔군에게는 아주 불리하게 전개되고 있을 때였다. 국군과 유엔군은 1·4후퇴 이후 남쪽으로의 후퇴를 계속하고 있었고, 이러한 군사적으로 불리한 상황 속에서 미국에서는 이전의 작전지도방침을 바꾸어 철군론이 제기되면서 한국정부의 도서이전계획을 구체적으로 계획하는가 하면, 유엔에서는 휴전론을 적극 추진하고 있던 시기였다. 따라서 맥아더의 확전론은 이러한 대세 속에서 그 목소리가 작을 수밖에 없었고, 그 영향력 또한 약해졌다.

이때 낙동강 전선 이후 제2의 국가적 위기감을 느낀 정부로서는 50~100만 명에 이르는 장정들에 대한 이들의 안전한 보호와 소개, 그리고 무장화가 무엇보다 시급하였다. 그러나 미국은 한국정부의 끈질긴 외교적 노력과 이승만 대통령의 요청에도 불구하고 한국 청년들의 무장화를 끝내 외면하였다. 이러한 상황에서 정부가 할 수 있는 최후의 선택은 국가방위를 위한 자구책 마련이었다. 중공군 개입 이후 정부는 국민총화와 총력전 태세를 누차 강조해 왔고, 또 실질적으로 이를 위한 조치를 취해 나갔다. 그러한 조치 중 가장 대표적인 것이 국민방위군 창설이었다.

따라서 정부의 입장에서 이들에 대한 관리와 예비전력화의 시도는 전선 상황 악화와 맞물려 매우 중요한 과제였다. 정부의 이러한

31) 국방부 군사편찬연구소 소장, 「국본 일반명령(육) 제6호」, 1951. 1. 1.

인식은 국민총력전의 일환으로 행한 국민방위군 창설이었고, 이를 확고히 하기 위해 국민방위군을 감독할 현역 위주의 국민방위국을 육군본부 내에 설치하여 총참모장을 보좌하게 하였다. 국민방위국 설치에 관한 「국본 일반명령(육) 제6호」의 내용은 다음과 같다.

국민방위국 창설에 관한 국방부 일반명령

1. 일시: 1951. 1. 10
2. 근거: 국본 일반명령(육) 제6호(1951. 1. 10), 국방부장관 신성모
3. 내용

① 기구확장

1951년 1월 1일 영시(零時)부로 육군본부에 국민방위국을 설치한다.

② 편성 및 장비

편성 및 장비는 TO/E 300－NG에 의함(장교 117명, 사병 321명)

③ 국장임명: 육군준장 이한림(李翰林) 군번 10056을 국장으로 임명한다.

④ 임무

육군본부의 특별참모부로서 국민방위군에 관한 군사・민사 사항의 전반을 관할한다.

⑤ 인사사항

인원차출은 청년방위대 고문단의 편성인원으로서 편성하고 부족인원은 인사국에서 보충

⑥ 보급 및 장비사항: 군수국에서 담당한다.

⑦ 보고

임명되는 국민방위국장(또는 선임장교)은 1951년 1월 10일까지 편성인원 명부를 육군본부 고급부관에게 제출하라.

⑧ 실행보고

국민방위국장은 차(此) 명령 실행완료와 동시에 육군본부 고급부관에게 실행보고서를 제출하라.

국민방위국(國民防衛局)은 1951년 1월 1일 설치한 것으로 되어 있으나, 문서상에 나타난 정식명령은 1월 10일이었다. 국민방위국은 국장과 차장 밑에 4개 참모부를 두었고, 초대 방위국장에는 군사영어학교 출신인 이한림(李翰林 · 육군중장 예편)) 장군이 임명되었고,[32] 차장은 육군대령이었다. 역대 국민방위국장에는 군사영어학교 출신인 이한림 · 장창국(張昌國 · 육군대장 예편 · 합참의장 역임) · 김종갑(김종갑 · 육군중장 예편) 장군 등 중량급의 장군들이 보임하였던 데에서 방위국의 위상을 어느 정도 가늠할 수 있다. 국민방위국 참모부서로는 행정과, 특무과, 동원과, 후방과 4개 과로, 각 과장은 현역 중령이었다. 행정과는 일반 행정 및 인사업무를, 특무과는 정보 및 첩보업무를, 동원과는 제2국민병 징소집 업무에 관한 내용을, 그리고 후방과는 군수 및 민사에 관한 내용을 담당하였다.

〈표 12〉 국민방위국장 현황[33]

계급/성명 (군번)	보직 기간	근 거	비 고
준장 이한림 (10056)	51.1.4~1.14	육일명 제3호	국본 일반명령(육) 제6호(1951. 1. 10)에는 국민방위국장으로 보임된 것으로 되어 있으나, 육일명 제3호에는 총참모장 보좌관 겸 청년방위고문단장으로 되어 있는데, 이는 국민방위국장을 청년방위고문단장으로 잘못 표기된 것으로 보인다.
준장 장창국 (10013)	51.1.14~4.27	육일명 제6호	51년 1월 14일에 일반참모 비서장 겸 방위국장으로 임명됨.
준장 김종갑 (10030)	51.3.3~5.5	육본 특 제183호	예비 제5군단 부군단장(51. 5. 5), 제5군단장 대리 겸무(51. 8. 1)

32) 이한림 장군은 초대 국민방위국장을 역임하였으면서도 자신의 회고록에서 이 부분에 대해 언급을 하지 않고 있다. 다만 중공군 개입에 따른 1 · 4후퇴와 연결시켜 국민을 분노케 한 국민방위군 사건이 있었다는 내용만 수록하고 있다. 이한림, 『세기의 격랑』, 1994, 팔복원, pp.212-213.

국민방위국 편제 인원은 장교 117명에 사병 321명으로 총인원이 1개 국으로는 비교적 많은 438명으로 편성된 참모부였다. 인원수에서 이는 육군본부의 1개 참모부(參謀部)라기보다는 오히려 군단급 이상의 야전사령부에 가까운 편제(編制)였던 것이다. 국민방위국의 설치는 육군편제(K300NG)표[34]에 따라 이루어졌다. 편제표상에는 인원 및 장비에 대해 자세히 기록되어 있다. 그러나 가장 중요한 국민방위국에서 근무할 장교들에 대한 인사조치가 신속히 이루어지지 않아 국민방위군에 대한 실질적인 지휘감독을 실시하지 못했다.

국민방위국 직속으로 국민방위사관학교[35]가 충남 온양에 설치되어 운영되었다. 그러나 배출 인원에 대한 통계는 유지되지 않고 있다. 방위사관학교의 초대 교장에는 육사 제8기 특별 출신으로 전쟁 초기 제26연대장을 지낸 바 있는 강태민(姜泰敏 · 육군소장 예편)[36] 대령이었다. 방위사관학교 편제인원은 장교 46명에 사병 183명으로 편성되어 있었다.[37]

---

33) 국방부 군사편찬연구소 소장, 『장교자력표』 참조.

34) 『국민방위국 편제표』(陸編 K300NG), 1951. 1. 10. 편제표상의 주요 내용은 다음과 같다. ① 총 인원은 438명으로 장교 117명, 사병 321명이다. ② 장비로는 권총 76정, 칼빈소총 116정, M-1소총 246정, 1/4톤 트럭 18대, 21/2톤 3대이다. ③ 부대 편제는 준장인 국장 1명, 대령인 차장 1명이 있고, 부서로는 행정과, 특무과, 동원과, 후방과가 있다. 각 과의 과장은 현역 중령이 맡게 되어 있다. ④ 이 밖에도 국장 직속기관으로 방위학교와 9개 단(團)이 편성되어 있다. 방위학교는 장교 46명, 사병 183명이 있고, 각 단의 단장은 대령으로 장교 5명과 사병 8명이 단장을 보좌한다. 이는 총참모장 명에 의하여 육군본부의 고급부관 육군준장 최경록(崔慶錄 · 육군중장 예편 · 육군참모총장 역임)이 서명한 것이다.

35) 국민방위군의 방위학교의 명칭에 대해서는 여러 가지가 사용되고 있다. 「국민방위국 편제표」(국본 일반명령(육) 제6호, 1951. 1. 10)상에는 방위학교로 표기되어 있으나, 이희권 장교자력표(군번 10082번)에는 국민방위군사관학교로 표기되어 있다.

36) 강태민(육군소장 예편)은 육사 제8기 특별 제4차로 임관하였다.

37) 『국민방위국 편제표』(육편 K300NG), 1951. 1. 10.

〈표 13〉 국민방위군 방위사관학교장 현황

계급/성명 (군번)	보직 기간	근 거	비 고
대령 강태민 (13508)	1950.11.12~ 1951.3.1	육본특명 제264호	육특 제264호에 의거 50년 11월 12일부로 청년방위대학교장으로 임명되었으나 국민방위사관학교 설치와 함께 방위사관학교장이 됨.
대령 이희권 (10082)	1951.3.1~5.1	육본일반 명령 제6호	육일명 제51호에 의거 51년 5월 2일부로 예비 제5군단 편입과 동시 육군예비사관학교장으로 임명됨.

정부 수립 이후 국방부는 예비군 및 준군사기구 창설 후에 이들 간부를 양성할 군사학교를 설치하였는데, 국민방위군을 양성할 간부학교도 이 일환으로 설치되었다.

즉 호국군 창설 후에는 호국군사관학교를, 청년방위대 창설 후에는 청년방위대간부훈련학교를, 그리고 국민방위군 창설 후에는 국민방위군사관학교를 설치하여 운영하였다. 그러나 특이한 점은 이들 군사학교가 대부분 충남 온양에 위치하였다는 점이다. 왜 온양에 청년방위대, 국민방위군, 그리고 예비 제5군단의 간부양성학교가 설치되었는지는 앞으로 좀 더 연구할 분야이다.

이 밖에도 국민방위국에는 총 9개 단(團)이 편성되어 있었는데, 이에 대한 편성 및 임무 그리고 인적사항은 거의 확인되지 않고 있다. 다만 각 단의 단장은 현역 및 방위 대령으로 되어 있고, 각 단의 인원은 장교 5명에 사병 8명이라는 점이다. 각 단이 9개인 점과 단장이 대령인 점을 고려할 때, 제2국민병을 수용하는 국민방위군의 교육대를 직접 감독하고 지도하는 상급부대 또는 국민방위국과 국민방위군사령부의 중간제대로서의 역할을 하지 않았는가 하고 추론(推論)할 뿐이다. 대전(大田)에 위치한 제10단을 비롯하여 위치가 불명한 제5 · 제13 · 제19 · 제20사단을 고려하면 이러한 추측을 전혀 무시할 수는 없다.[38)]

또한 국방부는 1951년 2월 1일부로 「국본 일반명령 제21호」에 의거 국민방위국 소속 장병들에 대한 특별명령 발령권한을 국민방위국에 부여하는 조치를 취하였다. 이는 1951년 2월 1일 영시부로 시행되었다. 이 외에도 동일부로 국민방위국에 행정권한을 부여하였다. 이는 육군 전체 및 일부에 효력을 발(發)하는 모든 문서는 고급부관을 경유하되, 국민방위국에 소속된 예하 부대에 발효되는 일체의 문서는 국민방위국장의 책임하에 운영하라는 지침이었다.

(3) 국민방위군 설치와 국민방위군사령부

국민방위군사령부는 소집될 68여만 명의 제2국민병역 대상자에 대한 전적인 책임을 지는 국민방위군 최고사령부로 예산을 집행하고, 예하 각 교육대를 통제하였다. 사령부 예하에는 단(團)을 두어 교육대를 통제케 하였다. 편성에 있어서도 청년방위대사령부의 편제를 대부분 계승하였고, 또 사령부 및 예하 주요 간부들은 청년방위대 간부들이 인수하여 맡았다. 이는 국민방위군 사령관 김윤근을 비롯하여 부사령관 윤익헌, 그리고 인사처장, 작전처장, 정보처장 등의 사령부 핵심참모들 대부분이 청년방위대 사령부 간부들이었다.

국민방위군은 대한청년단과 청년방위대를 기간으로 하고 제2국

---

38) 제5단의 부대 확인은 육군 중앙문서단 문서보존소에 소장되어 있는 「국민방위군 전사자명부」(99명)에서 김남하 씨(강원 횡성 출신, 50. 12. 21 전사)의 소속이 제5단 2지대에서 확인한 것이다.

민병을 대상으로 편성된 예비관리 부대이기도 하였다. 국민방위군은 국민방위군사령부와 교육대로 구분된다. 국민방위군사령부는 각 시·도 지구 병사구사령부에서 소집한 제2국민병을 경상남북도와 제주도 지역에 설치된 52개 국민방위군 교육대로 이송하여 수용·교육·관리·훈련하는 임무를 수행하였다. 또한 필요시에는 전투부대를 편성하여 전투도 수행하였다.

국민방위군은 국민방위군설치법에 명시되어 있듯, 국민개병의 정신을 앙양시키는 동시에 전시 또는 사변(事變)에 있어서 병력동원의 신속을 기하기 위해 설치되었다. 국민방위군의 자격은 대한민국 국민으로서 만 17세 이상 40세 이하의 남자로 지원에 의하여 국민방위군에 편입될 수 있으나, 다음에 해당하는 자는 국민방위군에 편입할 수 없었다.

즉 ① 현역군인, 군속, ② 경찰관, 형무관, ③ 병역법 제66조 각 호의 1에 해당하는 자,[39] ④ 비상시향토방위령에 의한 자위대 대장 및 부대장, ⑤ 병역법 제78조에 의하여 군사훈련을 받는 학생·생도들은 국민방위군 대상에서 제외되었다. 이렇게 볼 때, 국민방위군은 당시 전쟁에 직·간접적으로 관여하고 있는 자들을 제외한 모든 남자들이 모두 포함되었음을 알 수 있다. 이는 정부가 당시의 상황을 국민총력전으로 판단하고 국민방위군을 설치한 배경과 일치한다.

한편, 국민방위군은 지원에 의하여 국민방위군에 편입된다고 하였으나, 국민방위군설치법 제6조에서는 이의 단서 조항으로 전시

39) 병무소집 또는 간열 소집의 면제 대상자.

또는 사변에 제하여 군 작전상 필요한 때에는 병역법의 정하는 바에 의하여 집단적으로 국민방위군을 소집할 수 있다고 규정함으로써 최근 일부 학자 사이에서 논란이 되고 있는 불법소집에 관한 내용은 문제가 되지 않는다. 왜냐하면 당시 중공군 개입에 따른 급박한 상황에서 소집된 국민방위군은 제2국민병 해당자의 개별 지원도 받았으나, 실질적으로는 국민방위군설치법에 명시된 병사구사령부를 통한 집단 소집방식을 택했기 때문이다. 실제로 이들은 각 시도별 병사구사령부에 임무를 주어 지역 단위로 소집하여 편성되었다.[40]

국민방위군사령부는 창설 당시에는 서울에 위치하다가 정부 천도 이후 육군본부와 함께 대구로 이동하여 대구에 있는 동인국민학교에 사령부를 설치하였다. 사령부는 일반 부대의 사령부 편성과 마찬가지로 지휘부와 참모부로 구분하고, 참모부서별 임무와 기능에 의거 국민방위군 업무를 수행해 나갔다. 지휘부에는 사령관, 부사령관, 참모장이 있고, 참모부에는 인사처, 정보처, 작전처, 군수처 등 일반참모부와 휼병실, 재무실, 후생실, 정훈실 등 특별참모부가 있었다. 일반참모부에는 각 처장 밑에 보좌관이 있고, 각 보좌관 밑에는 과장들이 편성되어 있었다.[41] 이 외에도 국민방위군에는 장병들 위문 공연을 담당하고 있는 국악연예단인 정훈공작대(政訓工作隊)가 편성되어 운영되었다.[42]

---

40) 국민방위군설치법 제4조에서 국민방위군은 지역을 단위로 하여 편성함을 원칙으로 하고 있으나, 국방부장관이 정하는 다수 인원이 근무하는 관공서, 학교, 회사, 기타 단체에 있어서는 그 단위로 편성할 수 있다고 하였다. 그러나 국민방위군 소집 당시는 지역별로 집단적으로 소집하는 방식을 취하였다.

41) 군수처의 경우에는 군수처장 밑에 보좌관이 있고, 그 밑에 경리과장과 조달과장이 있었다. 홍사중, 「국민방위군사건」, 『전환기의 내막』, 조선일보사, 1982, p.552.

42) 「국민방위군 사건 검찰관 김태청(육군준장 예편 · 육군법무감 역임) 씨 증언」, 『임시수도 천일』 상, p.182. 또한 정훈공작대(隊長 金大雲)라는 부서는 전(前) 국민방위군부사령관 윤익

국민방위군사령부의 인적구성을 보면 사령관에는 대한청년단장 출신인 김윤근 육군준장, 부사령관에는 대한청년단 총무국장인 윤익헌 육군대령, 참모장에는 대한청년단 감찰국장이자 청년방위대 부사령관인 박경구 육군중령, 인사처장에는 대한청년단 훈련국장인 유지원 육군중령, 작전처장에는 대한청년단 예산부장인 이병국 육군소위, 후생실장에는 대한청년단 의무실장인 김두호 육군소위 등 현역은 6명 정도였다.

그러나 정보처장에는 대한청년단 부단장인 문봉제, 군수처장에는 대한청년단 예산부장인 김희, 휼병실장에는 대한청년단 정보부장인 김연근, 재무실장에는 대한청년단 경리부장인 강석한 방위중령, 방위군사령부 조달과장에는 박창원 방위소령, 방위군사령부 보급과장에는 박기환 방위중령 등 대부분 방위장교 또는 대한청년단 출신들이었다.

이와 같이 국민방위군의 간부들은 대한청년단과 청년방위대의 간부들로 편성되었음을 알 수 있다. 이는 국민방위군사령부가 전적으로 대한청년단 내지 청년방위대의 조직과 지도부를 그대로 계승하고 있음을 입증하고 있는 증좌(證左)이다.[43] 이러한 국민방위군사령부 편성에 따른 주요 간부의 임관근거 및 출신 현황은 다음 <표 14>와 같다.

헌의 부인 김순정(金順鼎) 씨가 국회의장(신익희)에게 보낸 「진정서」(1951. 8. 9)에서도 발견되고 있다. 진정서는 윤익헌이 사형되기 4일 전인 1951년 8월 9일에 김순정 씨가 국회의장에게 보낸 것을 국회에서 대통령 앞으로 이송한 것이다.

43) 김세중, 「국민방위군 사건」, p.81.

〈표 14〉 국민방위군사령부 참모부 편성 및 주요 간부 현황[44]

구 분			계급	임관근거 (임관일)	군번	대한청년단 직책	청년방위대 직책	비 고
지휘부	사 령 관	김윤근	육군준장	국특 제93호 (50.10.20)	200427	단 장	사 령 관	전역구분: 형확정자 (제적)(40 - 4), 사형
	부사령관	윤익헌	육군대령	국특 제50호 (51.1.22)	200430	총무국장	경리국장	전역구분: 형확정자 (제적)(40 - 4), 사형
	참 모 장	박경구	육군중령	(50.9.3)	200429	감찰국장	부사령관	51.3.3 참모장 임명
일반참모부	인사처장	유지원	육군중령	(50.9.3)	200428	훈련국장	총무국장	면관(51.8.2): 육특 제493호
	정보처장	문봉제	·	·	·	부 단 장	·	·
	작전처장	이병국	육군소위	·	·	선전부장	·	·
	군수처장	김 희	·	·	·	외사부장	·	·
특별참모부	휼병실장	김연근	·	·	·	·	의무실장	·
	재무실장	강석한	방위중령	·	508881	경리부장	·	51.8.13 사형
	후생실장	김두호	육군소위	·	·	·	·	·
	조달과장	박창원	방위소령	·	500708	·	·	51.8.13 사형
	보급과장	박기환	방위중령	·	500588	·	·	51.8.13 사형
	정훈실장	·	·	·	·	·	·	·
각단	제 5 단장	·	·	·	·	·	·	국민방위군 전사자명부
	제10단장	송필수	방위대령		150534	·	·	·
	제13단장	이인목	방위대령	13단 군수참모 서영덕 씨 증언	·	·	·	『육군전사』 제2권(육군본부, 1954, p.80)
	제20단장	·	·	·	·	·	·	
	제19단장	·	·	·	·	·	·	『작전일지』 제91권(육군본부, 1990, p.1115)

국민방위군은 일반 부대와 마찬가지로 고등 및 군법회의에 대한

44) 이 표는 다음의 문헌 및 자료를 참고하여 정리한 것임. 국방부군사편찬연구소 소장, 「장교자력표」; 「피고인 김윤근 등의 국민방위군사건 판결문」; 김세중, 「국민방위군 사건」, 『한국과 6·25전쟁』, 연세대 현대한국학연구소, 2000; 중앙일보사 편, 「국민방위군 사건」, 『민족의 증언』 3권, 을유문화사, 1972; 동아일보사 편, 『비화 제1공화국』 2권, 홍우출판사, 1975; 부산일보사 편, 「국민방위군 사건」, 『임시수도 천일』 상, 부산일보사, 1983; 홍사중, 「국민방위군 사건」, 『전환기의 내막』, 조선일보사, 1982.

설치권한을 부여받아 군 사법권을 행사하였다. 이는 1951년 4월 22일 「국본 일반명령 제80호」에 의하여 육군본부 국민방위국장에게 국민방위군 장병을 심리하기 위한 고등 및 특설 군법회의 설치권한을 부여한 것이다. 이를 위하여 국민방위군 각 부대에 법무과(法務課)를 창설하고, 여기에 법무장교를 배속시켰다. 배속 법무장교는 국민방위국에 4명, 각 보충 보병사단에 2명씩을 배치하였다.[45]

(4) 국민방위군 교육대 편성과 운영

1950년 12월 21일 정부에서 국민방위군설치법이 공포(公布)되자 국방부 정훈국 보도과에서는 "제2국민병 징집은 청장년 보호소개(靑壯年 保護疏開) 위한 것"이라는 제하(題下)로 다음과 같이 그 당위성을 발표하여 국민방위군 소집에 적극 동참할 것을 호소하고 있다.[46]

> 제2국민병 징집에 관하여 근일 경인(京仁) 지구를 중심으로 하여 광범위한 제2국민병의 징집을 실시함에 따라 항간에는 구구한 억측과 낭설이 유포되고 있는 현상에 비추어 이에 그 목적과 의의를 명확히 일반국민에게 천명하는 바이다. 최근의 착잡한 국제정세와 국내전국의 추이에 따라 군은 여하한 경우에도 대처할 수 있는 만반의 태세를 확립하는 동시에 전력의

---

45) 「국본일반명령(육) 제80호」, 1951. 4. 22. 「국민방위군에 대한 고등 및 특설 군법회의 설치권한 부여」에 대한 내용은 다음과 같다. ① 1951년 4월 22일부로 육군본부 방위국장에게 국민방위군 장병을 심리하기 위하여 고등 및 특설 군법회의 설치 권한을 부여한다. ② 1951년 4월 22일부로 보충 보병사단장에게 특설 군법회의 설치 권한을 부여한다. ③ 국민방위군 각 부대에 법무과(법무부)를 창설하며, 법무장교를 배속한다. ④ 국민방위국 법무과 4명, 보충 보병사단 법무부 각 2명이다.

46) 『경향신문』 1950. 12. 22.

근본적 요소인 인적자원을 최대한으로 확보하여 철저한 군사훈련을 실시함으로써 확고부동한 방위태세를 확립하는 동시에 차기의 공세이전에 대비하기 위하여 우선 경인지구 일대의 청장년을 소집중에 있다. 군은 6·25당시의 쓰라린 체험을 통하여 국가의 간성인 청장년들을 무질서하게 방치함으로써 괴뢰 공산역도들에 의하여 농단된 것을 미연에 방지하고 장정의 신변을 보호하는 한편 안전한 지역에 소개하려 하는 것이니 동포제위는 군의 의도를 십분 양찰하고 자진 응소하여 주기 바라는 바이며 시중의 낭설에 현혹되어 공포심을 일으킨다면 이는 국가총력전의 현 단계 여일이 일러 유감지사라 아니 할 수 없다. 특히 일반동포로서는 응소 장정들에 대한 환송행사 등을 적극적으로 전개하여 장도에 오르는 장정의 사기앙양에 적극 협력하여 주기 바란다.

이에 따라 국방부에서는 제2국민병 소집을 위한 조치를 취하기 시작하였다. 정부에서는 당시 사태의 심각성을 고려하여 1950년 12월 13일 계엄사령관[47] 명(命)으로 제2국민병역 해당자에 대한 개인행동 제한, 즉 여행통제 조치를 발(發)하였다. 제2국민병 해당자[48]의 여행은 시민증 또는 도민증을 소지한 자로서 각 소관지구 병사구사령관의 허가가 있는 자에 한해서만 주어진 기간 동안 소정지(所定地)를 여행할 수 있으며, 여행사유가 끝나면 해당(該當) 관서에 여행증명서를 반드시 반납할 것을 공고하였다.[49]

한편 1950년 12월 19일 서울지구 병사구사령부에서는 서울지구에 거주하는 만 17세~만 30세까지의 제2국민병은 각 경찰서 또는 파출소의 지시에 따라 소집에 응할 것을 공포하였다. 만일 이에 불응 시에는 병역법 제71조에 의거하여 3년 이하의 징역에 처한다고

47) 육군총참모장 겸 육·해·공군 총사령관인 정일권(丁一權·육군대장 예편·국무총리 역임) 육군 소장이 계엄사령관직을 맡고 있었다.

48) 1910. 9. 1~1933. 9. 1에 출생한 만 17세 이상 만40세 이하의 남자.

49) 『동아일보』 1950. 12. 18.

공고하였다.[50] 또한 치안국장과 서울시경국장도 제2국민병 해당자의 기피 방지와 협조를 요하는 발표문을 거듭 발표하였다.

> 李 시경찰국장은 12월 16일 기자단 회견에서 제2국민병 등록 등 당면한 제 문제에 관하여 일반시민의 협조를 요망하여 다음과 같이 말하였다. 제2국민병 등록자 중 여행증명을 받고 혹은 숙소를 변경하여 가며 기피하는 자가 간혹 있는 것은 유감된 일이다. 이에 대한 적발을 강화하여 엄벌에 처할 방침이니 일반은 많이 협조해 주기 바라며 특히 입대자에 대한 환송은 거족적으로 성대히 그 장행(壯行)을 축하해주기 바란다.[51]
> 金 치안국장은 작금 서울시내 각 경찰서를 비롯하여 지방 각 경찰서에서는 제2국민병 해당자를 소집하고 훈련을 실시 중에 있는데 이 명예스러운 훈련은 각자가 자신을 위한 것이니 꼭 이에 응하라고 17일 다음과 같이 말하였다. 과거 일본 제국주의하에서도 우리들은 학병, 지원병 및 징병으로서 나간 일이 있음을 상기해야 할 것이다. 그런데 작금 우리 국가와 민족을 위하여 국가의 간성이 되며 또한 만일의 사태에 대비하는 신심훈련의 소집장을 받게 됨을 우리는 무한한 영광으로 생각해야 한다. 그런 의미에서 관하 각 경찰서에서 제2국민병 해당자들을 모아 훈련을 실시하고 있음은 각자 개인에 이로운 것이니 쾌히 이에 응하여야 할 것이다.[52]

이렇듯 9 · 28 서울 수복 이후 국군과 유엔군의 북진과 중공군 개입, 그리고 국민방위군설치법으로 이어지는 시기에 행정관서 및 경찰계통에서도 제2국민병 소집동원에 초미의 관심을 두고 있었다. 제2국민병은 주로 이북에서 남하한 청년과 서울과 경기도 지역 제2국민병들이 주로 동원되었고, 충청지역과 호남지역에서도 소집이 되었으나, 거의 대부분이 이송 도중 국민방위군이 해체되었기 때문에 다시 고향으로 돌아가는 경우도 있었다.[53]

---

50) 『동아일보』 1950. 12. 22(금).
51) 『조선일보』 1950. 12. 17(일) ; 『동아일보』 1950. 12. 18(월).
52) 『조선일보』 1950. 12. 18(월).

서울을 비롯한 각 지역에서는 제2국민병 소집을 위해 병사구사령부[54])를 설치하고, 징병업무를 실시하였다. 서울의 경우 비원에 설치된 서울지구 병사구사령부의 징모과에서 이 업무를 담당하였다. 병사구사령부의 징병업무는 각 구청에서 이전에 작성했던 명부에 근거하여 매일 각 구청별로 약 200여 명씩 소집영장을 작성하여 처리하였다. 해당 장정들은 통상 저녁에 소집영장을 발부받고, 그다음 날 소집되는 경우가 대부분이었다. 서울의 경우 제2국민병의 집결 장소는 병사구사령부가 위치한 비원이었다.

소집된 제2국민병은 각 구청별로 집합하거나 아니면 직접 개별적으로 비원으로 오거나 하는데, 대부분 각 구청별로 소집된 장정들은 담당 경찰관이 비원까지 인솔하였다. 이들 소집된 제2국민병이 창덕궁 비원 후정(後庭)에 집결되면, 각 구청 담당자들이 다시 인원 점검을 한 후 대기하고 있던 국민방위군 장교에게 인도하였고, 국민방위군 장교들은 200～300명의 장정들을 중대단위로 편성하여 국도가 아닌 간도(間道)를 이용, 교육대가 위치한 경상도 지역으로 도보로 인솔하였다.[55])

서울지구 병사구사령부에서는 제2국민병에 대한 징병업무를 국민방위군설치법이 국회에서 통과되기 훨씬 이전인 10월 20일경부

53) 국민방위군의 남하코스로는 ① 창경궁－돈화문－미아리고개－홍릉・청량리－중랑천－덕소－여주－진천－보은－제천－문경－상주를 거쳐 일부는 군위－영천－청도－밀양－삼랑진－부산－김해, ② 서울－여주－진천－보은－제천－문경－상주－거창－마산－고성－통영, ③ 여주－안성－전주－남원－구례－진주－하동－사천, ④ 수원・안산・김포 등 경기 서해안지역－인천항(해군 LST 이용)－제주도・경상도 해안지역. 부산일보사, 『부산임시수도 천일』 상, pp.136－138 ; 동아일보사, 『비화 제1공화국』 제2권, 홍우출판사, p.172.

54) 서울지구병사구사령관은 백홍석(白洪錫・육군소장 예편) 대령이었다. 재직기간은 1950년 10월 16일～1951년 8월 20일까지이다.

55) 「전 서울 병사구사령부 제2국민병 징집담당관인 강윤희 씨 증언」, 2001. 5. 31.

터 시작하여 국민방위군설치법이 공포된 4일 뒤인 12월 25일까지 실시하였다.[56] 처음에는 소집영장을 받고 들어온 장정이 많았으나, 국민방위군설치법이 통과될 무렵에는 자발적으로 들어온 장정이 더 많았다. 이는 전쟁 초기 피난을 못 가서 피해를 입었던 사람들이 이제는 나라에서 청장년들을 보호해 준다고 하니까 서로 들어온 것이었다.[57] 서울지구 병사구사령부는 12월 25일까지 2개월 정도 업무를 실시한 후 1·4후퇴를 약 5일 남겨 놓은 12월 30일 상부의 이동계획에 따라 구포(龜浦)로 이동하였다.[58]

서울지역 다음으로 제2국민병이 많이 소집된 곳이 경기도 지역이었다. 당시 경기도 지역에는 지역 내의 남하 피난민과 이북에서 몰려온 피난민들로 북새통을 이루고 있었다. 1950년 중공군 개입으로 유엔군의 후퇴라는 군사적 위기 상황이 발생하자, 이북지역에서는 피난민들이 대거 남쪽으로 이동하게 되었다.[59] 그렇지만 당시 경부국도(京釜國道)는 유엔군사령부에서 작전 및 보급도로로 통제하고 있었다. 때문에 군에서는 이들에 대한 육로 이동이 어렵게 되

56) 1950년 10월 20일은 정부가 국민방위군설치법안을 국회로 이송한 날이다. 정부기록보존소 소장, 「국민방위군 설치법안 이송의 건」.

57) 부산일보사, 『부산임시수도 천일』 상, p.134.

58) 구포에서는 2월 중순부터 3월 중순까지 약 한 달간 김해, 진영, 가락 등지에 수용된 제2국민병에 대한 신체검사를 실시하였다. 이때 1개 교육대에는 300~500명이 수용되어 교육을 받고 있었다. 그들은 대부분 영양실조로 건강 상태가 나빴고, 이외에도 많은 인원이 열병 같은 병을 앓고 있었으나 교육대에는 이를 치료할 약이 없어 사망하는 경우도 있었다. 「전 서울 병사구사령부 제2국민병 징집담당관인 강윤희 씨 증언」, 2001. 5. 31.

59) 국방군사연구소, 『The US Department of State Relating to the Internal Affairs of Korea』 53, 1999, p.317. 1951년 1월 1일 주한미국대사 무초(John Muccio)가 미 국무장관에게 보낸 메모에서 피난민 상황을 다음과 같이 기술하고 있다. 평양 함락 이후 남쪽으로 이동한 북한의 피난민 수는 50만 명이었으나, 이 중 남한지역으로 들어온 숫자는 흥남－원산지역 피난민 130,000명을 포함하여 20만 명에 불과하였다. 한국의 여러 기관에서는 청년들을 남쪽으로 이동할 것을 촉구했다. 서울에서 출발한 피난민 수는 80~100만 명에 달했는데, 이들은 공산정권하의 압제와 공포 속에서는 다시는 살지 않겠다고 각오한 사람들이었다.

자, 해상으로의 철수도 추진하게 되었다. 이러한 까닭으로 경기 서부지역의 제2국민병역 장정들이 제주도로 많이 가게 된 것은 이러한 도로 사용의 제한과 정상적인 장정 후송이 어려웠기 때문이었다. 이들 제2국민병들은 주로 해군 함정을 이용하여 인천항을 통해 제주도 지역이나 경상도 남해안 지역으로 수송되었다.

국민방위군은 이들 제2국민병들을 이동시켜 훈련·관리하기 위해 창설되었다. 국민방위군은 68여만 명에 달하는 제2국민병역 대상자를 수용·관리·훈련하기 위해 52개 교육대를 설치하여 운영하였다. 이 중 교육대에 최종 수용된 인원은 298,142명으로 집계되었다.

〈표 15〉 군 보도과 발표 국민방위군 최종 징집·피해 현황[60]

전국장정 재 등록자 (1950. 11. 15 현재)	제2국민병 징집 총수	피해자 수		교육대 수용인원
		사망자 수	행려사망자	
2,389,730명	680,350명	1,234명	불명	298,142명

국민방위군의 주(主) 병력은 제2국민병으로 소집된 만 17세~만 40세까지의 대한민국 남자들로 구성된 장정(壯丁)들이다. 제2국민병은 1950년 11월 15일 전국 장정 재등록자 240만 명 중에서[61] 그 1/4에 해당되는 약 60만 명이 소집되었다. 이는 1951년 7월 31일 국민방위군 사건이 거의 마무리될 무렵 군 보도과(報道課)에서 국민방위군에 관한 최종 발표 내용을 따른 것이다.

군 보도과는 1951년 7월 31일 동아일보를 통해 동원된 제2국민병의 총수는 680,350명이고,[62] 이 기간 중 전체 사망자는 1,234명

60) 『동아일보』 1951. 7. 31.

61) 전쟁 이전 등록자 수는 4,762,639명이었다. 병무청, 『병무행정사』 상, p.273.

이며, 행려사망자(行旅死亡者) 수는 불명(不明)이라고 공식 발표하였다.[63] 이들은 1950년 12월 하순 38선 이북으로부터 남하한 장정과 경기·강원·인천지구 등지에 있는 장정 약 42만 명을 포함한 숫자로, 이 중 이탈 또는 낙오한 자를 제외한 지정된 교육대 52개소에 수용된 인원은 약 그 절반에 해당하는 298,142명이었다고 한다.

제2국민병역을 수용하여 관리·훈련했던 국민방위군 교육대의 숫자에 대해서는 학계는 물론이고 군에서조차 논란이 있었다. 국방부 및 육군본부 발행 공간사에는 51개 교육대로 기록되어 있기 때문에 이를 정설(定說)로 믿고 있었고 학계도 이를 따르는 실정이었다.[64] 그런데 1951년 7월 31일 동아일보를 통해 '군 보도과'에서 발표한 국민방위군 보도 내용에서 52개 교육대임이 밝혀졌다.

또한 교육대의 전체 숫자와 함께 교육대별 명칭은 전혀 밝혀지지 않았다. 현재까지 52개 교육대 중 몇 교육대부터 몇 교육대까지 있는지가 의문이었다. 실제 국민방위군으로 소집되어 갔다 온 사람들조차도 자기가 소속된 교육대 외에는 몇 교육대가 있었는지를

62) 국방군사연구소, 『Intelligence Report of the Central Intelligence Agency』 16, 1997, p.738. 1951년 7월 20일 로이터 통신에 의하면 1951년 7월 19일 군법회의에서 국민방위군으로 소집된 인원은 69만 명으로 확인하고 있다. 따라서 국민방위군으로 소집된 제2국민병역 장정의 숫자는 군 보도과(報道課) 발표에 따라 약 68만 명으로 보면 될 것이다.

63) 『동아일보』 1951. 7. 31. 그러나 국민방위군 사망자 수는 통설로 5만 명 정도로 알려졌는데 이는 확실하지 않은 숫자이다. 5만 명 속에는 현지입대로 행방불명된 장정의 숫자들도 포함되었기 때문에 이 숫자는 정확하지 않다는 것이다. 사망자와 관련하여 미국도 정확한 숫자를 제시하지 않고 무초가 국무장관에게 보고한 내용에서 '다수 사망'이라는 의미의 'many died'를 사용하고 있는 것에서 알 수 있다. 또한 당시 국민방위군사령부 참모장이었던 박경구도 5만 명은 무리라는 주장을 하고 있다. 국방군사연구소, 『The US Department of State Relating to the Internal Affairs of Korea』 57, 1999. p. 592 ; 부산일보사, 「전 국민방위군사령부 참모장 박경구 증언」, 『임시수도 천일』 상, p.149.

64) 이들 대표적 공간사로는, 『국방사』(국방부 발간), 『육군발전사』(육군본부 발간), 『병무행정사』(병무청 발간), 『한국전쟁사』(국방부 전사편찬위원회 발간) 등이 있다.

모르고 있었다. 특히, 문제는 국민방위군 교육대에 관한 편제표가 전혀 남아 있지 않다는 것이다. 그러므로 이 문제는 필자의 유추에 따를 수밖에 없다.

창군 이후 군에서는 연대 및 여단 창설 시 서수(序數)에 의한 부대명칭을 부여하였다. 그러나 여·순 10·19사건 이후 정부에서는 반란 가담 및 관련부대였던 제4연대와 제14연대 등 '4' 자가 들어간 부대의 이미지가 좋지 않다고 판단해서 이후 창설되는 모든 부대 명칭에서 4자가 들어간 부대명칭을 사용하지 않았다. 이것은 하나의 관례가 되어 지금까지 부대창설 시 적용되고 있다. 이러한 부대명칭 부여에 대한 군의 관례는 당시 국민방위군 교육대에도 적용되었다고 보아야 할 것이다. 이는 서수로 확인된 16개 교육대 중 '4' 자가 포함된 교육대가 없다는 것이 이를 입증하고 있다.

그런데 여기서 교육대 서수명칭 및 마지막 교육대 어느 교육대인지에 대해서는 두 가지 방안을 고려할 수 있다. 첫째는 이러한 군의 관례를 엄격히 적용한 것으로 52개 교육대에 포함된 숫자 중에서 '4' 자를 완전히 배제시키는 경우이다. '4' 자가 들어갈 수 있는 경우로는 14·24·34·40·41·42·43·44·45·46·47·48·49·54·64 등 15개이다. 이를 적용하면 교육대는 제1교육대로부터 '4' 자가 포함된 15개 교육대를 제외하면, 마지막 교육대는 제67교육대가 된다. 둘째는 현재 확인된 교육대 중 마지막인 제58교육대를 기준으로 하여 계산하는 방식이다. 현재 확인된 제58교육대를 마지막 교육대라고 한다면 끝자리가 4자인 4·14·24·34·44·54 등 6개 교육대를 제외하면, 52개 교육대로 제1교육대로부터 제58교육대가 된다.[65]

〈표 16〉 국민방위군 교육대 편성 및 위치[66)]

교 육 대 명	교육대 위치	비 고
방위군 제3교육대	달 성	교육대장 방위소령 김삼문
방위군 제5교육대	방어진(?)	『육군전사』 제2권(1954, p. 80), 방위군 전사자 연명부
방위군 제7교육대	상 주	방위군 전사자 연명부
방위군 제8교육대	진 주	방위소위 홍사중 씨 증언
방위군 제9교육대	대 구	방위군 전사자 연명부
방위군 제11교육대	창 원	방위병 한창섭 씨 증언, 방위군 전사자 연명부
방위군 제15교육대	마 산	방위중령 박철, 방위군 전사자 연명부
방위군 제17교육대	남 해	방위병 양정희 씨 증언
방위군 제21교육대	마 산	방위군 전사자 연명부
방위군 제23교육대	경 산	방위소령 함기환 씨 증언
방위군 제25교육대	·	수사과장 윤우경 중령 증언
방위군 제26교육대	영 천	방위군 전사자 연명부
방위군 제27교육대	·	방위대령 임병언
방위군 제50교육대	함 양	방위군 전사자 연명부
방위군 제56교육대	·	방위소위 양관석 증언
방위군 제58교육대	마 산	방위군 전사자 연명부
·	구 포	방위소위 홍사중 씨 증언
·	의 령	방위병 임도길 씨 증언
·	경 주	이시영 부통령 시찰(51년 4월)
·	고 성	방위병 조달성 씨 증언
·	동 래	방위병 김정수 씨 증언
·	울 산	방위병 장을병 씨 증언
·	하 동	하동 교육대장 차연홍 씨 증언
·	김 천	·
·	삼랑진	육군 검찰관 김태청 씨 증언
·	상 주	방위군 전사자 연명부, 방위군 참모장 박경구 씨 증언
·	삼천포	방위소위 홍사중 씨 증언
·	사 천	
·	제주도	교육대장 방위대령 강성건
·	밀 양	방위소위 홍사중 씨 증언
·	김 해	방위병 임쾌중 씨 증언

65) 현재까지 확인된 교육대중 '40단위'(40~49) 교육대와 끝자리 숫자가 4자(4, 14, 24, 34, 54, 64)인 교육대가 아직 없는 점으로 보아 이러한 판단은 신뢰성이 있다.

66) 이 표는 다음의 문헌 및 자료를 참고하여 정리하였다. 국방부군사편찬연구소 소장, 「장교자

현재까지 증언 및 자료를 통해 확인된 교육대로는, 제3·제5·제7·제8·제9·제11·제15·제17·제21·제23·제25·제26·제27·제50·제56·제58교육대 등 명칭이 확인된 교육대가 16개 교육대이고, 위치만 확인된 교육대는 제주와 밀양교육대를 비롯하여 15개 교육대이다. 이를 종합하면 확인된 교육대는 총 52개 교육대 중 절반을 넘는 31개 교육대이고, 나머지 21개 교육대는 아직 확인되지 않았다.

한편 육군 중앙문서관리단 문서보존소가 소장(所藏)하고 있는 「국민방위군 전사자명부」를 통해 확인된 교육대 수는 제5·제7·제9·제11·제15·제21·제26·제50·제58교육대 등 8개 교육대이다.[67] 전사자명부를 통해 확인된 교육대별 전사자는 제5교육대가 1명, 제7교육대가 2명, 제9교육대가 2명, 제11교육대가 79명, 제15교육대가 1명, 제21교육대가 1명, 제26교육대가 1명, 제50교육대가 1명, 제58교육대가 10명, 그리고 제5단 2지대 1명 등 총 99명이다. 이들 전사일자는 1950년 12월 21일~1951년 5월 20일까지로, 이는 국민방위군설치법 공포일부터 1951년 국민방위군폐지법이 공포되는 시점으로 시기적으로 대략 일치한다. 또한 국립현충원에도 국민방위군으로 확인된 전사자 약 210명의 명단이 있다.[68] 이 외에도

력표」; 「피고인 김윤근 등의 국민방위군사건 판결문」; 육군본부, 『육군전사』 제2권, 1954 ; 육군본부, 『육군발전사』 상, 1970 ; 김세중, 「국민방위군 사건」, 『한국과 6·25전쟁』, 연세대 현대한국학연구소, 2000 ; 중앙일보사 편, 「국민방위군 사건」, 『민족의 증언』 제3권, 을유문화사, 1972 ; 동아일보사 편, 『비화 제1공화국』 제2권, 홍우출판사, 1975 ; 부산일보사 편, 「국민방위군 사건」, 『임시수도 천일』 상, 부산일보사, 1983 ; 홍사중, 「국민방위군 사건」, 『전환기의 내막』, 조선일보사, 1982 ; 류재신, 『제2국민병』, 책과공간, 1999 ; 「국민방위군 교육대 순방기」, 『영남일보』 1951. 1. 31 ; 육군중앙문서단 자료보존소 소장, 「국민방위군 전사자명부(99명)」.

67) 중앙문서단 소장, 『국민방위군 전사자 연명부』.

국방부가 1955년에 전국적으로 공고를 내고 실시하여 확인한 국민방위군 전사자 수는 331명이다.[69] 따라서 공식적으로 확인된 국민방위군 전사자 수는 약 700명에 불과하다.

한편, 국민방위군 교육대가 실질적으로 해산된 2주 뒤인 1951년 4월 16일까지 국민방위군의 제2국민병이 남아 있었는데, 이들은 대부분 환자들이었다. 그 당시 국민방위군의 수(數)는 10,654명으로 이들은 부산, 마산, 김해 등 10개소에서 치료를 받고 있었다. 국민방위군에 소집되어 환자가 된 이들은 6월 말 현재 74%에 해당하는 7,583명이 완치하여 퇴원했고, 나머지 인원은 마산 등지에서 계속 치료를 받고 있었다.[70] 이러한 점으로 보아 국민방위군의 피해에 대해서는 앞으로 더 많은 자료 수집 및 연구가 필요하다.

〈표 17〉 국민방위군 전사자 현황

교육대명	전사자 현황
제 5 교육대	김백만
제 7 교육대	한덕일, 정순창
제 9 교육대	전영진, 이달민, 최락현
제11교육대	박봉용, 안홍근, 강한식, 박병화, 장영국, 이원기, 최주화, 강사윤, 조길웅, 김명환, 이상태, 소금진, 조수남, 정원섭, 이종석, 백종흠, 서석규, 김규환, 송근재, 고석대, 이금동, 김익수, 민수명, 황평수, 김증수, 최만근, 김준섭, 전이현, 노수봉, 이영필, 남금석, 오송근, 정연봉, 정연국, 성낙훈, 어민선, 곽만용, 신수근, 신왕식, 권태욱, 김영옥, 이천규, 오규영, 이상현, 신교승, 신동춘, 이범오, 심우성, 홍종현, 김학근, 정난춘, 김용준, 옥대향, 김원제, 박봉학, 유학근, 이기수, 이은상, 김대식, 김맹득, 김주한, 정능훈, 강익환, 유억근, 김재복, 정용구, 장종우, 김후진, 이경헌, 박제복, 김개불, 오명환, 김효봉, 송순석, 이성복, 최기순, 김대공, 김상한
제15교육대	박종국

68) 국립현충원에 안장되어 있는 국민방위군 전사자 수는 약 210명이나, 이에 대한 사실 여부는 확인이 더 필요하다. 서울국립현충원, 「국민방위군 전사자명부 확인 명단 송부」(현충 33166－162), 2001. 4. 17.

69) 육군본부, 『6・25사변 후방전사』 인사편, p.243.

70) 『동아일보』 1951. 7. 31.

제21교육대	이경희
제26교육대	손삼동
제50교육대	이철호
제58교육대	김재복, 박봉기, 한장희, 권길용, 윤은복, 김원식, 양을두, 김용목, 이강원, 고유복
제5단 2지대	김남하
제 주 지 역	김국진

자료: 육군 중앙문서관리단 문서보존소 소장, 「국민방위군 전사자명부」(미간행).

이처럼 국민방위군 교육대는 1951년 3월 30일 국민방위군 교육대 해산조치에 따라 경상도 지역에 있는 교육대는 계획대로 해산되었다. 그러나 제주도 지역은 그렇지 못했다. 제주도의 제2국민병에 대한 내용은 동아일보의 1951년 4월 4일 '제주의 제2국민병 제대자 귀향'이라는 제하(題下)를 통해 제주도에도 제2국민병을 수용하고 훈련한 국민방위군 교육대의 존재와 이들의 귀향이 늦어지고 있음을 확인시켜 주고 있다.[71]

> 본토와 지리적으로 격리된 제주로부터의 제대 제2국민병의 귀향은 시급을 요하고 있으며, 현재 제주의 제2국민병 제대자는 8,595명이라고 한다.[72] 그런데 지난 3월 30일 경기 출신을 제1차로 귀향시키기 위하여 선박이 부산항을 출항하였는데, 2, 3일 중으로 인천에 입항될 것이라 한다.

이제까지 제주도에 대한 제2국민병 존재 여부에 대한 논란이 많이 있었다. 제주도의 교육대 실체는 '제주의 제2국민병 제대자 귀향'이라는 신문기사와 당시 제2국민병으로 소집되어 제주도에서 사

71) 『동아일보』 1951. 4. 4.

72) 제주도 내에서 귀향할 제2국민병 제대자 8,595명의 도별(道別) 분포는 다음과 같다. 경기 6,191명, 강원 862명, 황해 392명, 충남북 218명, 전남북 99명, 경남북 119명, 38도선 이북 714명이다.

망한 김국진 씨의 순직확인서[73]가 이를 확인시켜 주었다. 육군본부 발행 제135호 김국진 씨의 '순직확인서'는 제주도의 국민방위군 교육대의 실체를 확실히 밝혀 준 중요 문서이다.

순직확인서

- 第135호
- 본 적: 경기 안산시 사사 46
- 소 속: 국민방위군
- 계 급: *
- 군 번: *
- 생년월일: 1914년 4월 11일

위 자는 군복무 중 1951년 3월 16일 제주지구에서 순직하였음을 통지합니다.

1998년 1월 28일
육군참모총장

또한 제주도 제2국민병 존재 여부에 대한 증거는 주한미대사관 육군무관 에드워드(Bob E. Edward) 중령이 제주도를 시찰하고 난 후 작성한 보고서에도 잘 나와 있다. 특히 이 보고서에는 제2국민병 환자들을 수용한 '강정특수공동수용소'의 창설배경에 대해서도 언급하고 있다. 이 보고서는 1951년 2월 20일 정오에 에드워드 중령이 제주도 모슬포 공항에 도착하여 모슬포에 위치한 한국 육군 제1보충훈련소를 방문하고 150마일에 달하는 거리를 지프차로 확

73) 김국진 씨는 1914년 4월 11일생으로 대한청년단원으로 1951년 12월에 경기 안산에서 제2국민병으로 소집되어 국민방위군으로 복무 중 제주도 서귀포시 소재 강정면에서 병사하여 순직, 처리되었다.

인하고, 그리고 제주도 내 공비상황에 대한 회의를 제주시청에서 가진 후 1951년 2월 23일 오후에 제주도를 떠날 때까지 직접 확인한 '제주도 상황'을 주한 미국 대사관 고문인 드럼라이트(Everett F. Drumright)에게 보고한 내용이다.

이 내용은 제주도로 이동한 제2국민병의 실상을 현장감 있게 보고한 것으로, 이는 나중에 주한미대사관에서 미국 국무부로 보고되었다.[74]

> 수천 명의 청년단(Youth Organization) 소속의 징집자들이 내륙으로부터 제주도로 이동되어 제주도 주변에 있는 캠프에 수용되었다. 이들 캠프에 수용된 장정들은 모슬포에 위치한 육군훈련소의 병력으로 공급되었다. 그러나 장정(壯丁)들의 수용소 캠프는 관리가 매우 미비했고, 숙식도 수용된 장정들에게 많은 고통을 줌으로써 결국 사망자를 나게 하였다. 징집된 인원 중 많은 장정이 건강이 나쁜 상태에서 제주도로 왔고, 3,000명으로 추산되는 인원이 신체 부적합자로 캠프에서 추방되었다. 이들 캠프에서 쫓겨난 수백 명의 장정들은 건강이 악화된 상태에서 도로가를 따라 앉아 있거나 이 마을 저 마을로 방황하는 것이 목격되었다. 마을 주민들은 그들을 청년단에서 책임을 져야 한다고 생각했기 때문인지 그들에게 음식과 숙소를 제공하지 않았다. 나는 이들 쫓겨난 장정들이 게릴라들에게 아주 좋은 표적이 될 것이라고 생각했다.
> 한편 제주도 지구 담당 CAC팀장인 이즈퀴에르도(Osvaldo M. Izquierdo) 소령은 이들 버림받은 장정들에게 식사와 거처, 그리고 치료를 받을 수 있는 '특별수용소(a special camp)'를 정부가 설치해 주기를 희망했다. 이 캠프는 서귀포에서 5마일 떨어진 강정리에 설치될 예정이었다. 그러나 2월 22일로 예정된 도지사와 경찰국장, 그리고 기타 인사들과의 회의가 도지사의 불참으로 취소되었다. CAC팀은 김충희(金忠熙)[75] 도지사는 좋은

---

74) 국방군사연구소, 『The US Department of State Relating to the Internal Affairs of Korea』 56, 1999, p.15.

75) 제주도 제5대 지사인 김충희 지사는 1949. 11. 15～1951. 8. 3까지 재직하였다.

일을 하지 않을 것이고, 이정국[76] 경찰국장은 보다 현실적이고 적극적인 사람으로 교체되어야 한다고 생각했다. 나는 지역대장(military area commander)인 남상희 대위에게 깊은 인상을 받았다. 그를 만나고 난 후에야, 나는 2월 22일 정오에 계엄령이 해제된 것을 알았다. 제주도에는 李 경찰국장 고문인 브라운(Brown) 대위 외에도 경찰관 1,500명이 있었는데, 이들은 미국제 칼빈 150정과 상태가 나쁘고 관리가 거의 이루어지지 않은 일본제 38식 및 99식 소총을 보유하고 있었다. 당시 제주도의 진료상황은 아마 최선이었던 것 같다. CAC팀과 함께 의무장교 모건(Morgan) 소령은 나에게 다음과 같은 정보를 제공했다. 1951년 1월 26일부터 문을 연 성산포의 '제7일 예수강림병원(7th Day Advents Hospital)'은 루(Rue) 박사 부부와 로빈슨(Robinson) 양이 일일 150~300명을 치료하고 있었다. 이제까지 5,000명 이상이 발진티푸스와 장티푸스 주사를 맞았다. 2주 전에 문을 연 서귀포의 '서울 적십자병원(Seoul Red Cross Hospital)'은 금 박사(Dr. Keum S. Sohn)의 통제하에 일일 200명 이상의 환자를 치료하고 있었다. 불과 1주일 전에 한림에 문을 연 서울대학교병원은 일일 수백 명의 환자를 치료하고 있었다. 이 병원은 지난해 12월에 의료진이 도착했으나 건물을 확보하지 못해 겨우 며칠 전에야 건물을 구했다. 제주시에 있는 도립병원(Provincial Hospital)은 입실환자 65명을 포함하여 일일 200여 명을 치료하고 있었다. 이들 병원 외에도 제주도에는 15개 내지는 20개의 개인병원이 있었다.

이 보고서에서 알 수 있듯이 당시 제주도에는 상당수의 국민방위군으로 소집된 제2국민병이 존재하였음을 알 수 있다. 또한 현역으로 부적합한 신체불합격자들을 위한 '특별수용소'에 대한 설치도 고려되었음을 확인할 수 있었다.[77] 나중에 제주도 서귀포 강정리(江汀里)의 강정국민학교에 설치된 '강정특수공동수용소(江汀特殊

76) 제주도 제11대 경찰국장 이정국은 1950. 10. 12~1951. 4. 17까지 재직하였다.

77) 당시 제주도에서는 훈련 불가능 판정을 받은 청장년 약 5,600명이 귀가 조치가 이루어질 때까지 약 5~6개 지역별로 국민학교 등 임시수용소에 분산수용되었다. 제주 서귀포시청 소장, 「전 제주도 강정리 수용소 감찰대장 박승억(朴承億) 씨 증언」, 1993.

共同收容所)'는 교육대에서 신체부적합자로 판정된 장정들을 관리하기 위한 특별수용소였다.[78] 강정공동수용소는 미국 원조에 의하여 제주도 사회국에서 관리하고 경비책임은 제주도경에서 담당하였다.[79] 또한 공동수용소 내에는 의료진을 두고 수용된 인원을 관리하였다. 수용소 내 의료진으로는 의사 1명, 약사 1명, 조수 2명 등으로 편성되어 환자들을 간호하였다.[80]

제주도 지역에 제2국민병이 들어온 시기는 1951년 1·4후퇴를 전후하여 시작되어 3월까지로 추정하고 있다. 이 시기는 대체로 국군과 유엔군이 후퇴하던 시기와 국민방위군설치법에 의한 제2국민병 집단 남하시기와 비슷함을 알 수 있다. 제주도 지역으로 제2국민병이 들어온 가장 큰 이유는 당시 육로의 제한으로 해상으로의 이동이 불가피했을 뿐만 아니라, 더욱 큰 이유는 모슬포에 설치된 신병훈련소에 신속한 병력보충을 위한 조치로 판단된다.

이처럼 김국진 씨의 순직확인서와 에드워드 중령의 제주도 시찰보고서는 제주도에 국민방위군 교육대가 있었음을 확인시켜 준 중요 자료이다. 따라서 국민방위군으로 소집된 제2국민병의 국민방위군 교육대는 모든 공간사에 기록된 51개 교육대가 아니라, 제주도 지역을 포함한 경상남북도 일원에 52개 교육대로 제1교육대로부터

78) 본 수용소는 1951년 1월~2월 사이에 개소되어 6개월 정도 존속되었고, 수용시설은 교실 2개, 천막 50동이었다. 수용자들 대부분은 국민방위군으로 소집된 제2국민병 환자 또는 훈련을 받을 수 없는 자(者) 200~3,000명을 수용하였는데, 당시 제주도 지역에 전염병(디프테리아)이 만연하여 격리 수용도 하였다. 현재 위치는 서귀포시 강정동 4550-1번지이다.

79) 당시 경비인원은 1개 소대 병력 40명이었다. 경비소대는 경감 1명, 경위 1명, 경사 1명, 그리고 순경 37명이었다. 수용소장은 당시 제주도 경찰국 보안계장이던 장석관(張錫瓘) 경감이었다.

80) 제주서귀포시청 소장, 『진정민원 사안에 대한 사실조사결과: 6·25당시 제2국민병 수용사실 여부에 관하여』, 1993. 11.

제58 내지는 제67교육대까지 존재하였음을 알 수 있다. 이는 '4' 자로 시작되거나 끝나는 6개 내지는 15개 교육대를 제외시킨다는 가정(假定)에 따른 것이다. 이처럼 '4' 자를 부대명칭에서 제외한 것은 여·순 반란 사건 이후 군의 관례이었다.

3. 국민방위군 전투편성과 활동

국민방위군은 6·25전쟁기 국가가 가장 어렵고 혼란한 시기에 창설되어 불과 5개월도 못 되어서 해체된 관계로 그 군사적 활동은 미흡할 수밖에 없었고, 있었다 하더라도 그 활동이 제한적일 수밖에 없었다. 국민방위군의 활동은 대부분이 제2국민병과 관련된 것으로 이들에 대한 교육대로의 집단 이동 및 수용·훈련, 그리고 신병훈련소 및 전선부대로의 병력보충 임무가 가장 주된 업무였다. 그러나 국민방위군 중에는 전투부대로 편성되어 연대규모 정규작전을 비롯하여, 후방지역에서 정규군에 배속되어 공비토벌과 주요 작전도로 및 보급로의 경계 임무 등을 수행하였다.

현재 확인된 국민방위군 전투부대 편성 제대(梯隊)로는 사단과 연대, 그리고 대대까지이다. 이 중 국민방위군 사단으로는 국민방위군 제1사단,[81] 제2사단, 제3사단, 제5사단, 제6사단, 제7사단, 제8사단, 제9사단,[82] 제10사단, 제11사단[83] 등 10개 사단이 편성되어

81) 군사영어학교 출신인 이영순(李永純, 군번 10009번)은 「국방고문 특 제4호」에 의거 1951년 1월 10일부로 국민방위군 제1사단 연대장에 보직된다. 국방부 군사편찬연구소 소장, 『장교자력표』(군번 10009번 이영순 자력표).

있었다. 이는 이승만 대통령이 강조한 한국군 추가 10개 사단 증강과 그 숫자가 일치한다는 점에서 상당한 의미가 있다.[84) 「육본특별명령(갑) 제4호~15호」에는 이들 각 사단장에 대한 임명 근거가 명시되어 있다. 국민방위군 제1사단장에는 육군대령 김응조,[85) 제2사단장에는 육군대령 장두권,[86) 제3사단에는 육군대령 권준,[87) 제5사단장에는 육군대령 김관오,[88) 제6사단장에는 육군대령 박시창(朴始昌 · 육군소장 예편),[89) 제7사단장에는 육군대령 김정호(金正皓 · 육군준장 예편),[90) 제8사단장에는 육군대령 유승열(劉升烈 · 육군소

---

82) 군사영어학교인 장석륜(張錫倫, 군번 10004번)은 「육특제173호」에 의거 1951년 2월 4일부로 국민방위군 제9사단장에 보직된다. 국방부 군사편찬연구소 소장, 『장교자력표』(군번 10004번 장석륜 자력표).

83) 군사영어학교 출신인 이영순(李永純, 군번 10009번)은 「육본 특명 제115호」에 의거 1951년 2월 5일부로 국민방위군 제11사단장에 보직된다. 국방부 군사편찬연구소 소장, 『장교자력표』(군번 10009번 이영순 자력표).

84) 국방군사연구소, 『Intelligence Report of the Central Intelligence Agency』 16, 1997, p.591.

85) 김응조 대령(군번 16879)은 1951년 1월 3일부로 국민방위군 제1사단장으로 보임되었다. 「육본 특별명령(갑) 제4호」, 1951. 1. 2 ; 육군중앙문서단 자료보존소 소장, 『육본 특별명령철』(미발간).

86) 장두권(육군대령 예편) 대령(군번 10362)은 1951년 1월 3일부로 국민방위군 제2사단장으로 보임되었다. 「육본 특별명령(갑) 제4호」, 1951. 1. 2 ; 육군중앙문서단 자료보존소 소장, 『육본 특별명령철』.

87) 권준(육군대령 예편) 대령(군번 12446)은 1951년 1월 6일부로 국민방위군 제3사단장으로 보임되었다. 「육본 특별명령(갑) 제18호」, 1951. 1. 6 ; 육군중앙문서단 자료보존소 소장, 『육본 특별명령철』.

88) 김관오(金冠五 · 육군소장 예편) 대령(군번 11538)은 1951년 1월 15일부로 국민방위군 제5사단장으로 보임되었다. 「육본 특별명령(갑) 제52호」, 1951. 1. 15 ; 육군중앙문서단 자료보존소 소장, 『육본 특별명령철』.

89) 박시창(朴始昌 · 육군소장 예편) 대령(군번 10308)은 1951년 1월 15일부로 국민방위군 제6사단장으로 보임되었다. 「육본 특별명령(갑) 제52호」, 1951. 1. 15 ; 육군중앙문서단 자료보존소 소장, 『육본 특별명령철』.

90) 김정호(金正皓 · 육군준장 예편) 대령(군번 12313)은 1951년 1월 25일부로 국민방위군 제7사단장으로 보임되었다. 「육본 특별명령(갑) 제87호」, 1951. 1. 24 ; 육군중앙문서단 자료보존소 소장, 『육본 특별명령철』.

장 예편),[91] 제9사단장에는 육군대령 장석륜,[92] 제10사단장에는 육군대령 오광선(吳光鮮 · 육군준장 예편),[93] 제11사단장에서는 육군대령 이영순[94]이 1951년 1월 2일부터 2월 3일에 걸쳐 국민방위군 사단장 10명에 대해 육군본부 특별명령으로 임명하고 있는 것을 확인할 수 있다. 또 국민방위군 사단 예하에 각 연대를 편성하였으나, 국민방위군 제1 · 2 · 3연대를 제외한 기타 연대의 대대는 확인되지 않고 있다.[95] 국민방위군의 사단급[96] 및 연대급 전투부대에 준하는 편제에 대해서는 이제까지 그 유무조차 확인이 되지 않았는데, 최근 『장교자력표』와 6 · 25전쟁기 작성된 『작전일지』를 비롯한 「육군본부 특별명령철」에서 그 편제상의 일부를 확인할 수 있었다. 국민방위군 사단급으로는 지금까지 10개 사단이, 연대급으로는 3개 연대의 존재를 확인하였다.

---

91) 유승열(劉升烈 · 육군소장 예편) 대령(군번 12442)은 1951년 1월 26일부로 국민방위군 제8사단장으로 보임되었다. 「육본 특별명령(갑) 제90호」, 1951. 1. 25 ; 육군중앙문서단 자료보존실 소장, 『육본 특별명령철』.

92) 장석륜 대령(군번 10004)은 1951년 2월 4일부로 국민방위군 제9사단장으로 보임되었다. 「육본 특별명령(갑) 제110호」, 1951. 2. 2 ; 육군중앙문서단 자료보존소 소장, 『육본 특별명령철』.

93) 오광선(吳光鮮 · 육군준장 예편) 대령(군번 12441)은 1951년 2월 4일부로 국민방위군 제10사단장으로 보임되었다. 「육본 특별명령(갑) 제110호」, 1951. 2. 2 ; 육군중앙문서단 자료보존소 소장, 『육본 특별명령철』.

94) 이영순 대령(군번 10009)은 1951년 2월 5일부로 국민방위군 제11사단장으로 보임되었다. 「육본 특별명령(갑) 제115호」, 1951. 2. 3 ; 육군중앙문서단 자료보존소 소장, 『육본 특별명령철』.

95) 국민방위군 제1 · 2 · 3사단에 대한 기록은 1951년 1월 21일 육군본부 「작전일지」에 수록되어 있다. 여기에는 육본 군수국장이 국민방위군 소속 예하 부대인 방위사관학교(동래), 제1사단(마산), 제2사단(통영), 제3사단(울산)에 대한 3종 보급을 부산보급소에서 책임질 것을 지시하고 있다. 육군본부, 『한국전쟁사료: 작전일지』 제91권, 1990, pp.301－302.

96) 국민방위군 사단명칭은 작전명령이나 작전일지에는 국민방위군 독립 제1사단 등 부대명칭 앞에 독립이라는 단어를 붙이는 경우도 있다. 즉 ① 국민방위군 독립제1사단(현재 제3연대만 출동 중)은 제3군단에 배속 중임. ② 국민방위군 독립제1사단(현재 제3연대뿐)은 1951년 1월 31일 12:00부로 제3군단 배속으로부터 해제하고 육군본부 직할로 한다. 동시에 안동 육군본부 전방지휘소장의 지휘에 입(入)하라.

〈표 18〉 국민방위군 사단 및 연대 편성표

구 분		지휘관 인적사항		비 고
		직책/계급/성명	재직기간	
사단	제 1 사단	사단장 대령 김응조	1951.1.3~	육군본부, 『한국전쟁사료: 전투명령』 제63권, 1987, pp. 629-632 ; 육본작명 제258호 수정훈령 제8호
	제 2 사단	사단장 대령 장두권	1951.1.3~	「육군본부 작전일지」(1951.1.21) ; 육군본부, 『한국전쟁사료: 작전일지』 제91권, 1990.
	제 3 사단	사단장 대령 권 준	1951.1.6~	
	제 5 사단	사단장 대령 김관오	1951.1.15~	·
	제 6 사단	사단장 대령 박시창	1951.1.15~	·
	제 7 사단	사단장 대령 김정호	1951.1.25~	·
	제 8 사단	사단장 대령 유승열	1951.1.26~	·
	제 9 사단	사단장 대령 장석륜	51.2.4~51.3.1	장석륜의 장교자력표(군번 10004)
	제10사단	사단장 대령 오광선	1951.2.4~	·
	제11사단	사단장 대령 이영순	51.2.5~3.1	이영순의 장교자력표(군번 10009)
연대	제 1 연대	연대장 대령 이영순	51.1.10~?	이영순의 장교자력표(군번 10009)
	제 2 연대	·	·	• 「육군본부 작전일지」(1951.1.21) • 육군본부, 『한국전쟁사료: 작전일지』 제91권, 1990.
	제 3 연대	연대장 중령 김무룡	·	• 안동지역 공비토벌작전 참가 - 기간: 51.2.17~4.25 - 임무: 주보급로 경계 및 공비소탕작전

특히, 국민방위군 제1사단은 육군본부 『전투명령』[97]과 이영순 대령의 「장교자력표」를 통해 확인되었고, 제11사단은 이영순 대령의 「장교자력표」를, 그리고 제9사단은 장석륜 대령의 「장교자력표」에서 존재를 확인할 수 있었다. 제2사단과 제3사단은 『작전일지』의 기록내용에서 확인하였다. 연대급인 제1·2·3연대에 대해서는 『작전일지』와 『작전명령철』, 그리고 『전투상보』에 일부 내용이 기록되어 있다. 특히 이 중에서 국민방위군 제3연대의 공비토벌작전

97) 육군본부, 『한국전쟁사료: 전투명령』 제63권, 1987, pp.629-632 ; 「육본작명 제258호 수정훈령 제8호」, 1951. 1. 30.

에 대한 기록이 많은데,[98] 국민방위군 제3연대는 1951년 2월 17일부터 4월 25일까지 실시한 안동지구 작전에서 국군 제3군단 제2사단에 배속되어 공비토벌작전 임무를 수행한 국민방위군 부대이다. 국민방위군 제3연대의 편제는 다음 <표 19>와 같다.

〈표 19〉 국민방위군 제3연대(1 · 2대대) 편성 및 장비표[99]

인원(명)			소총(정)							개인휴대 탄약량(발)	비 고
계	장교	사병	계	M1	칼빈	소련식 장총	99식 소총	BAR	다발총		
1,509	55	1,454	670	128	44	439	24	19	16	50발	• 교육 정도: 20% • 전투능력: 50% • 사기왕성함

※ 국민방위군 병력의 50% 정도는 하복착용 상태였음.

국민방위군 1개 대대는 약 750명으로 편성되었고, 장비는 미국제(美國製) M1소총으로부터 일본제(日本製) 99식 소총에 이르기까지 다양하다. 이는 국민방위군이 정규군의 임무를 수행하기에는 장비나 개인휴대 탄약량 면에서 아직 미흡하다는 것을 간접적으로 입증하고 있다. 이에 대한 평가도 비록 사기는 왕성하나 교육 정도 및 전투능력은 50% 미만이라는 점이 이를 여실히 증명하고 있다.

한편 당시 안동지역에서 준동하고 있는 공비는 북한이 남파했던 북한군 제10사단, 남부군, 그리고 경북도당과 지역 군당(郡黨) 소속의 공비들이었다. 이 중 북한군 제10사단은 6 · 25전쟁 초기 낙동

98) 『전투상보』와 『작전일지』에는 국민방위군 제3연대의 전투 활동이 기록되어 있다. 국민방위군 제3연대 작전활동과 배속관계에 대해서는 다음 자료를 참고할 것. 국방부 전사편찬위원회, 『한국전쟁사』 제5권, 1971 ; 「육본훈령 제160호」, 1951. 1. 17. 18:00 ; 「육군 작명 제258호」, 1951. 1. 30. 08:00 ; 「육본작전지시 제42호」, 1951. 2. 2. 13:00 ; 「육본작전계획 제24호」, 1951. 4. 29. 12:00.

99) 육군본부, 『한국전쟁사료: 작전일지』 제91권, 1990, p.312.

강지구에 투입되었던 정규군 부대로 1950년 9월 10일경 현풍 전투에서 대패하여 강원도 김화로 철퇴하던 중, 국군 제17연대에 의해 막대한 손실을 입고 지리멸렬되어 방황하다가 북한군 제2군단에 배속되었다. 이 사단은 1951년 1월 중순경 강원도 마차리 부근에서 국군의 공격을 받고 북한 제2군단과 분리, 고립된 후 평창 부근에서 독자적으로 비정규전을 펼치다가 안동·의성 방면으로 침투하였다. 남부군(南部軍)은 이현상(李鉉相)이 지휘하던 '제2병단'의 개편부대 명칭이다. 북한군의 제2병단은 '독립제4지대', '남반부 인민유격대' 등으로 부르다가 나중에는 '조선인민유격대 남부군'으로 개칭을 하였는데, 여기에 연유하여 붙인 명칭이 '남부군'이다. 부대편성은 사령부를 비롯하여 승리사단, 인민여단, 그리고 혁명지대로 총병력은 1개 대대 규모인 760명 정도였다.[100]

국군 제2사단은 1951년 2월 13일 「육군본부 작전명령 제23호」에 의거하여 풍기로부터 의성으로 이동함과 동시에 미 제10군단으로부터 육군본부 직할부대로 배속이 전환되었다. 이때부터 국군 제2사단은 후방에서 공비소탕작전을 전개하던 국민방위군 제3연대를 비롯하여 독립 제6·7경비대대와 전투경찰 2개 대대를 작전 통제하여 후방지역인 영남일대의 군 보급로 경비와 지역 내 공비소탕 임무를 수행하였다.[101]

다음의 <표 20>에서 알 수 있듯이 국민방위군은 창설되면서부터 작전 임무를 수행하였다. 국민방위군은 제2국민병을 남쪽으로 이동시키거나 수용하여 훈련하는 임무 이외에도 군인에게 가장 중

100) 국방부전사편찬위원회, 『대비정규전사』, 1988, pp.231-233.

101) 국방부전사편찬위원회, 『대비정규전사』, p.235.

요한 전투임무를 수행하였던 것이다.

<표 20> 국민방위군 전투부대 작전사항

일 자	명령 근거	내 용	출 처
1951. 1. 21	육본 작전일지	① 국민방위군 제3연대는 제3사단 소속 특별부대와 함께 이치업 대령이 지휘하는 이(李) 전투부대는 내성－춘양 간의 남방, 제3군단전투지경내의 적을 소탕함 ② 국민방위군 작전참모 지시: 1, 2연대를 신속한 방법으로 편성하여 보고하라. ③ 국민방위군 3연대 현황을 보고(인원, 장비)	육군본부, 『한국전쟁사료: 작전일지』 제91권, 1990, pp.306－312.
1951. 1. 22	육본 작전일지	① 국민방위군에 대한 보급 지시 ② 제3군단 작전상황보고 국민방위군 제3연대(－)는 22일 12:00에 진보에 집결완료, 3대대는 신령～안동 도보 행군 중 ③ 국민방위군 인원현황보고, 국민군본 작교내발 제98호(51.1.20일부)	육군본부, 『한국전쟁사료: 작전일지』 제91권, 1990, pp. 330－349.
1951. 1. 24	육본 작전일지	① 국민방위군 제3연대 3대대 일부병력(2/138명) 안동 도착, 영양으로 이동 예정 ② 다른 병력(200명)은 의흥으로부터 안동으로 도보 행군 중	육군본부, 『한국전쟁사료: 작전일지』 제91권, 1990, p.383.
1951. 1. 26	육본 작전일지	① 李部隊의 CP와 방위 제3연대 CP는 영양에 위치하고, 방위 제3연대 1대대는 감천리 방면으로부터 행하로 이동 중에 있음 ② 제2대대는 증평동에 위치하고, 제3대대는 현동으로 이동 중에 있음	육군본부, 『한국전쟁사료: 작전일지』 제91권, 1990, p.435.
1951. 1. 27	육본 작전일지	① 제3, 7사단에서 획득한 병기를 국민방위군 제3연대에 지급하였는지를 즉시 회신하라.	육군본부, 『한국전쟁사료: 작전일지』 제91권, 1990, p.483.
1951. 1. 27	육본 작전일지	① 국민방위군 1, 2연대 현황 보고 ② 1연대는 보유장비 전무, 2연대는 2개 중대 장비 보유하고 있음	육군본부, 『한국전쟁사료: 작전일지』 제91권, 1990, p.499.
1951. 1. 29	육본 작전일지	① 국민방위군 제3연대에는 미 제10군단 특별공작대 배동걸 소령 부대에서 획득한 병기를 지급하겠다 함	육군본부, 『한국전쟁사료: 작전일지』 제91권, 1990, p.584.
1951. 1. 30	육본작명 제258호 수정훈령 제8호	① 국민방위군 독립제1사단(현재 제3연대만 출동중)은 제3군단에 배속 중임 ② 국민방위군 독립제1사단(현재 제3연대뿐)은 1951년 1월 31일 12:00부로 제3군단 배속으로부터 해제하고 육군본부 직할로 한다. 동시에 안동 육군본부 전방지휘소장의 지휘에 입(入)하라.	육군본부, 『한국전쟁사료: 전투명령』 제63권, 1987, pp.629－632.

1951. 3. 11	육본 작전일지	① 적이 남하 시에는 국민방위군 제3연대를 대비케 하고 2사단 주력은 현 임무를 계속 유지하되 필요시에는 제17연대를 출동시킬 예정임	육군본부, 『한국전쟁사료: 작전일지』 제91권, 1990, p.741.
1951. 3. 14	육본 작전일지	① 3.13, 13:00 현재 적 200여 명이 지무동을 향하여 북상하며, 국민방위군 제3연대는 이 적을 공격할 목적으로 출동 중임	육군본부, 『한국전쟁사료: 작전일지』 제91권, 1990, pp.840-841.
1951. 3. 14	육본 작전일지	① 국민방위군 내발(內發) 제122호(3.14) 접수, '국민방위군 제19단 무공조사에 관한 건(국방부 차관)' ② 국민방위군 내발 제121호(3.13) 접수 '화재방지에 관한 건'	육군본부, 『한국전쟁사료: 작전일지』 제91권, 1990, p.1115.
1951. 4. 28	육본작명 제265호 수정 작전지시 제9호	① 국민방위군 제3연대를 제2사단장 배속으로부터 해제하여 태백산전투사령관에게 배속한다. ② 담당지구 내에 현존하는 국민방위군 및 경찰부대를 담당지구 경비임무수행에 최대한으로 활용하라.	육군본부, 『한국전쟁사료: 전투명령』 제63권, 1987, pp.799-800.
1951. 4. 29	육본 작전계획 제24호	① 방위 제3연대 태백산지구사령부 배속	육군본부, 『한국전쟁사료: 전투명령』 제62권, 1987, pp.91, 102

자료상에 나타난 주요 국민방위군 부대로는 제3연대와 예하 3개 대대를 들 수 있다. 이들 부대는 국군 제2사단과 태백산지구 전투사령부에 배속되어 공비토벌작전을 위한 전투임무 및 주요 도로에 대한 경계임무를 수행하였다. 임무 수행 시에는 독자적인 활동은 거의 없었고, 타 부대에 배속되거나 협조된 가운데 실시되었는데, 국민방위군 부대의 장비 및 훈련 정도를 고려한 배려였다. 부대편성은 국민방위군 제3연대(-1)의 2개 대대 병력이 약 1,500명인 점을 고려할 때, 1개 대대의 병력은 약 750명 정도의 규모였던 것으로 판단할 수 있다.[102)]

이에 따라 국민방위군 제3연대는 2월 16일 영양 북서쪽 20㎞ 지

102) 육군본부, 『한국전쟁사료: 작전일지』 제91권, p.312.

점의 현동을 중심으로 하여 주보급로 경계임무를 수행하였다. 이때 국민방위군 제1대대는 현동~예안 간을, 제2대대는 현동~양양 간을, 그리고 제3대대는 현동~내성(봉화) 간을 담당하고 있었다.

한편 국군 제2사단은 3월 5일부터 5일간 3개 연대 및 7개 경비대대를 집중 투입하여 공비소탕작전을 성공리에 끝마치고, 3월 10일에는 일월산 일대의 공비소탕작전을 일단 종결짓게 되었다. 그러나 3월 19일 국민방위군 제3연대는 진보에 나타난 공비 400여 명과 교전을 하여 이들을 태향산으로 격퇴시켰다. 이로써 경북 안동을 중심으로 한 일월산과 보현산 일대의 공비들에 대한 소탕작전은 그 막을 내리게 되었다.

따라서 6·25전쟁 기간 중 국군 후방지역에서 활동한 북한의 비정규전 병력은 낙오병을 포함하여 약 25,000명에 달하였는데, 이들은 산악 및 해안지역에 은거하면서 군 보급로의 차단, 군사시설과 부대집결지의 습격, 식량 약탈, 관공서 습격 등 비정규전을 수행하면서 후방지역을 교란하였다. 이에 국군과 유엔군은 후방지역에서 준동하는 비정규전에 대한 소탕의 필요성을 깊이 인식하고, 국민방위군 제3연대를 비롯하여 국군과 경찰 등 총 9개 사단, 6개 유격대대, 10개 경비대대, 경찰 29개 대대를 동원하여 이들에 대한 대대적인 소탕작전을 실시하게 되었다.[103)]

국민방위군은 가장 어려운 시기에 청장년을 보호하고 소개하여 전쟁 초기와 같은 실수를 되풀이하지 않겠다는 예비전력 보호 차원에서 설치되어 국방전력 면에서 그 소기의 목적을 충분히 달성

---

103) 국방부전사편찬위원회, 『대비정규전사』, p.256.

하였다고 볼 수 있다. 전쟁 초기와 같이 즉응전력(卽應戰力)으로 전환될 예비전력, 즉 제2국민병의 남쪽으로의 이동 및 수용, 그리고 관리하는 과정에서 잦은 과오로 인하여 많은 후유증을 남겼음에도 불구하고, 한편으로는 이들의 존재가 심리적으로 정부에 커다란 힘이 되기도 하였다. 정부는 1·4후퇴 이후 국가 위기 시 미국정부와 유엔군 사령관 맥아더를 상대로 한국청년 100만 명의 무장을 수차례에 걸쳐 요구할 수 있었던 것도 국민방위군으로 편성된 제2국민병의 존재를 의식하고 내린 조치였을 가능성이 크다. 이는 6·25전쟁기 인력자원밖에 없었던 한국의 입장에서 이들 청장년의 확보는 정부가 할 수 있는 마지막 카드였다. 한국은 당시의 사면초가(四面楚歌)와 같은 상황 속에서 자위책 내지는 최후의 수단으로 제2국민병과 대한청년단과 그리고 청년방위대를 대상으로 한 국민방위군을 창설하였을 가능성이 높다.

이들의 존재가 미국이나 다른 유엔 참전국에게 가시화되지 않았다면 한국은 전쟁을 수행하는 데 많은 어려움을 겪었을지도 모른다. 만약 한국정부가 국민방위군을 편성하지 않고 미국과 유엔군의 처분을 바라는 태도로 일관했다면, 미국은 전쟁 당사국인 한국이 수수방관하고 있는 것처럼 판단하고 한반도 포기정책을 추진했을 가능성도 배제할 수 없는 상황이었다. 미국이나 유엔군 모두에게 불리했던 중공군의 개입과 결과를 예측할 수 없는 전황(戰況) 속에서 비록 그 준비가 미흡하고 운영과정에서 엄청난 부정으로 수많은 사상자가 발생했음에도 불구하고, 제2국민병을 소집하여 국민방위군을 창설한 것은 당시의 상황에서는 최선의 선택이 아닐 수 없다.

제5장

국민방위군 사건 발생과 처리

1. 국민방위군 사건 배경과 경위

국민방위군 사건(National Defense Corps Scandal)은 1950년 12월 17일 제2국민병을 소집한 날로부터 1951년 3월 31일 국민방위군 교육대를 실질적으로 해산하는 약 3개월, 105일 동안 국민방위군으로 소집된 제2국민병들이 남쪽으로 이동 · 수용 · 교육 · 훈련과정에서 국민방위군사령부 및 예하 교육대의 부실운영 및 방위군 간부들의 예산횡령과 군수품 부정처분 등으로 억울하게 목숨을 잃거나 건강을 해치게 됨으로써 국회 및 군 수사기관[1]의 조사를 걸쳐 관련자 5명이 군사법정에서 사형을 선고받고 공개총살형에 처해진 사건이다.

1950년 10월 하순 중공군이 침공하자, 정부는 1950년 12월 21일에 국민방위군설치법을 공포하여 17세에서 40세까지의 장정을 적으로부터 격리 · 보호하고, 나아가 후비예비병(後備豫備兵)으로 훈련하여 국군의 전력을 증강시킬 목적으로 국민방위군을 창설하였

1) 국민방위군 사건 수사는 헌병사령부사령관 최경록(육군중장 예편 · 육군참모총장 역임) 준장 책임하에 101헌병대가 맡았고, 수사진행은 헌병사령부 수사과장인 윤우경 중령이 맡았다.

다.[2] 이에 따라 제2국민병 장정들은 국민방위군설치법에 의거 각 시도별로 소집되어 경상도 및 제주도 지역에 설치된 52개 교육대로 이동하게 되었다. 그러나 당시 서울·경기지역에서 교육대가 있는 경상도로 이르는 경부가도(京釜街道) 및 호남국도는 군사 작전 및 보급로로 유엔군이 통제하고 있었기 때문에 제2국민병 장정들은 소로(小路) 길이나 산길을 통해 이동하게 되었고, 이 과정에서 1951년 극심한 추위와 장기간 행군에 따른 피로의 누적, 그리고 식량 부족으로 인해 많은 사상자가 발생하였고,[3] 또 각 교육대로 이송된 후에도 교육대의 수용시설의 미비[4] 및 의료 약품 부족, 일부 국민방위군 간부의 교육대 예산 전용 및 횡령 등으로 많은 사상자가 발생하였다.

이처럼 국민방위군 사건은 방위군으로 소집된 제2국민병 장정들이 이동·수용·교육받는 과정에서 전쟁과 동계철이라는 요인보다는 교육대 부실운영과 공금 횡령 등 방위군 간부들의 인재(人災)에 의한 요인이 더 컸다고 할 수 있다. 즉 교육대에 소집된 제2국민병의 사상자 발생 원인은 주로 기아(飢餓), 동상(凍傷), 질병(疾病) 등으로, 이는 사전에 충분히 예측하지 못한 준비 부족과 부실 경영,

---

2) 김세중, 「국민방위군 사건」, p.75.

3) 제2국민병을 소집하면서 정부가 마련해 준 것은 양곡권뿐이었는데, 전쟁 중의 일이라 행정이 거의 마비되어 있어서 양곡권으로는 밥을 먹기가 어려웠다. 지방의 군수나 경찰서장은 수천 명씩 몰려오는 제2국민병 모두에게 양곡을 내어 줄 수가 없으므로 양곡을 얻기가 어려웠으며 다행히 양곡을 얻는다 해도 취사시설이 없었다. 이러한 관계로 단벌로 떠난 장정들은 개별적으로 굶주림을 해결해야 했는데 민가에 가서 얻어먹거나 옷이나 신발을 벗어 해결하였다. 이러는 동안 소집을 기피하는 자가 속출하였고 굶주림과 추위를 이기지 못하여 쓰러져 죽는 자도 있었다.

4) 제2국민병을 수용할 교육대 시설은 대부분 학교시설을 이용하였으나, 이들 학교시설들은 12월 말까지 취사도구나 침구류 등이 전혀 준비되지 않았다.

그리고 간부들의 예산 횡령 및 전용, 군수품 부정처분 등으로 충분한 식사와 의약품 등이 제대로 지급되지 않아 발생한 것이었다. 제2국민병의 참상은 당시 헌병사령관이었던 최경록(육군중장 예편·육군참모총장 역임) 육군준장의 제2국민병 참상에 대한 목격담(目擊談)에서 그 분위기를 알 수 있다.[5)]

> 1951년 1월 중순경, 헌병사령관에 취임한 나는 동래의 포로수용소를 시찰하고 대구로 향하던 길에 어느 국민학교 앞에서 가마니를 뒤집어 쓴 군인들이 거지처럼 서성이는 것을 목격하게 되었다. '군기가 이 꼴이 되다니……' 하는 생각이 들어서 이놈들을 혼내주려고 소속을 물어봤으나, 그들은 별(장군)을 보고도 경례는커녕 반항적이고 멸시하는 눈매로 빤히 쳐다보는 것이었다. 그래서 뭐하는 놈들이냐고 호통쳤더니 한 녀석이 "각하께 꼭 보여드릴 것이 있습니다."고 하면서 학교로 들어가자고 하길래 가서 보니 교실마다 5~6명씩 거적을 쓰고 누워 있는 자가 있는데, 자세히 보니 굶고 병들어 죽은 시체들이었다. 몇 녀석이 울면서 "우리는 국민방위군인데 얼마동안 쌀 한 톨, 약 한 봉지 주지 않아 마을에서 밥을 얻어먹어 연명하고 있으나 제대로 먹지 못하여 아사자, 병사자, 동사자가 속출하고 있습니다."라고 하는 것이었다. 나는 헌병사령관이 되기 전에는 일선에만 있어서 국민방위군이란 이름조차 처음 들었는데 이것은 보통일이 아니라고 판단하고 철저히 조사하기로 했습니다.

이러한 국민방위군 참상이 국회에 알려진 것은 당연하였다. 국민방위군으로 소집된 제2국민병 장정들의 참상(慘狀)이 이종욱 의원에 의해 국회에 알려진 것은 부산 피난 국회 개원 이틀째인 1951년 1월 15일이었다.[6)] 이종욱 의원 외 14명의 국회의원은 국민방위

5) 「국민방위군 사건: 전 헌병사령관 최경록 장군 증언」, 『민족의 증언』 제3권, p.324.

6) 1950년 12월 21일 국민방위군설치법을 통과한 5일 후인 26일, 국회는 1951년 1월 14일 부산에서 국회를 개원하기로 하고 이날 서울에서 국회일정을 끝내고 피난길에 올랐다. 국방군사연구소, 『Intelligence Report of the Central Intelligence Agency』 16, p.409.

군의 참상을 보고 나서 '제2국민병 처우에 대한 긴급동의안'을 국회에 제출하였고, 국회 본회의에서는 다음 날인 1월 16일 '제2국민병 처우개선 건의안' 6개항을 작성하여 채택하였다.

그러나 국민방위군사령관 김윤근은 1월 21일 대(對)국민담화문을 통해 국민방위군의 참상 운운하는 것을 '불순분자의 소행'이라고 항변하였고,[7] 신성모 국방부장관도 1월 26일 국회에서 이를 '제5열의 선전'이라는 식으로 답변[8]하였다. 따라서 국민방위군에 대한 개선책은 반영되지 않고, 제2국민병에 대한 사상자 수는 계속 늘어났다.

국회와 국방부 및 국민방위군사령부 간에 국민방위군 참상을 놓고 설전(舌戰)이 벌어지고 있을 때 국민방위군 예산안이 편성되어 국회에 제출되었다. 1951년 1월 29일, 정부가 국민방위군의 예산으로 요구한 규모는 1~3월까지의 3개월분 209억 830만 원이었다. 이 액수는 제2국민병 장정 50만 명을 계상(計上)하여 산출한 금액이었다.[9] 이후부터 모든 기록에 등장하는 국민방위군 50만 명이라는 숫자는 모두 여기에 기인한 것이다.

그런데 국민방위군 사건 중 중요한 것은 제2국민병의 징집된 인원과 교육대에 도착한 인원, 그리고 사망자 인원에 대해서는 이견이 많다. 당시 국민방위군 국회특별조사위원회 위원이었던 태완선(太完善) 의원은 국민방위군사령부, 국방부 제3국, 육군본부 인사국 및 재무감실, 그리고 병사구사령부에 대한 1주일간의 조사 결과, 1951년 2월 말까지 소집령을 받고 교육대까지 도착한 인원이

7) 『동아일보』 1951. 1. 21.

8) 『제10회 국회정기회의 속기록 제14호』, p.4.

9) 『제10회 국회정기회의 속기록 제15호』, p.8 ; 김세중, 「국민방위군 사건」, p.87.

382,743명이고, 도중에 도망·행방불명·동상·질병 등으로 낙오된 자는 272,743명이며, 병사구별로 실시한 신검인원은 213,492명으로 발표하였다.[10]

〈표 21〉 국회 특별위원회 조사결과 국민방위군 현황(1951년 2월 말 현재)

장정 재등록 수 (1951. 11. 15 현재)	육군본부 보고 인원			군 보도과 발표내용	
	소계	교육대 도착인원	낙오자 수	징집총수	수용인원
2,389,730명	655,486명	382,743명	272,743명	680,350명	298,142명

이처럼 태완선 의원의 조사결과를 보면, 육군본부에 보고된 도착인원과 낙오자 수를 합치면 약 66만 명이 된다는 점에서 제2국민병으로 징집된 인원은 군 보도과에서 최종 발표한 약 68만 명으로 오히려 약 3만 명이 더 많다. 또 병사구에서 실시한 신검인원보다 군에서 최종 발표한 수용인원도 약 8만 명의 차이가 난다는 점에서 군 보도과에서 최종 발표한 국민방위군의 자료현황은 그 신뢰성이 입증되고 있다.

국민방위군 사건에서 징집된 제2국민병역의 숫자는 매우 중요하다. 국회에서는 인원 비례에 의해 예산을 심의하였기 때문에 국민방위군 간부들이 가장 많은 부정을 저지른 것이 인원수의 허위 보고에 따른 예산 횡령이었다. 국민방위군 예산 항목을 보면 제2국민병의 급식은 1인당 1일 양곡 4홉, 취사연료비 40원, 그리고 잡비로 10원을 책정하였다. 그러나 동계철에 중요한 난방비·의료비·피복비, 그리고 부대관리와 훈련에 소요되는 경비인 훈련비와 부대운

10) 중앙일보사, 「국민방위군사건: 태완선 의원 증언」, 『민족의 증언』 제3권, pp.342－343.

영비는 전혀 책정되지 않았다. 특히 국민방위군 장교 및 하사관 봉급이 일체 없었기 때문에 구조적으로 부정은 일어날 소지가 많았다.

따라서 부정의 먹이사슬이 형성될 수밖에 없었다. 육본에서 자금이나 양곡이 영달되면 방위군사령부에서 일부를 횡령하였고, 교육대에서도 그 일부를 횡령한 후 그 잔액으로 급식을 하였다. 이렇게 하여 사령부에서는 교육대로 불출해야 할 예산 중 1/3 정도를 횡령하였고, 교육대에서도 마찬가지 식으로 횡령하였음에도, 이에 대한 정확한 액수는 밝혀내지 못했다.[11]

2. 국회 특별조사위원회와 헌병사령부 조사

1951년 1월 중순부터 국민방위군의 참상이 폭로되어 국회에서 논란이 되고, 헌병사령부에서 조사하게 되자 1951년 3월 초부터는 국민방위군이 실질적으로 해체되기에 이르렀다. 이로 인해 국민방위군은 3월 말경에는 대부분이 해체되었고 4월 30일에는 국민방위군폐지법이 국회를 통과됨으로써 법적으로 완전히 해체되었다.[12]

국회에서는 “수천 명이 굶어 죽어 갔고, 귀환(歸還) 장병들도 20%는 생명유지가 불가능하며, 80%는 노동이 불가능”하다고 발표하였다.[13] 국회의 진상조사위원회에서 발언된 이 내용은 확실한 숫

11) 중앙일보사, 『민족의 증언』 제3권, p.562.

12) 「제10회 국회정기회의 속기록」 제64호, pp.4－17 ; 김세중, 「국민방위군 사건」, p.91.

13) 「제10회 국회정기회의 속기록: 서민호 의원 중간발표」 제64호, p.2 ; 한국혁명재판사 편찬위원회, 『한국혁명재판사』 제1집, pp.17－19 ; 중앙일보사, 『민족의 증언』 제3권, p.16.

자가 아니었음에도 이는 이후의 대내외 기관에서 사용하는 공식자료 역할을 하였고, 심지어는 주한 미국대사관을 비롯한 미국의 여러 기관에서도 이를 인용하였다.

1·4후퇴로 부산으로 피난 갔던 국회는 1951년 1월 15일에 본회의를 열어 제2국민병의 처우문제를 상정하고 실정보고 및 정부를 규탄하였다. 다음 날인 16일에 국회에 나온 국방차관 장경근은 전황의 급변으로 인하여 백만 명이 넘는 인원을 계획대로 일시에 수송할 수 없었고 절차를 잃게 된 점을 사과하면서 "구체적인 수습책을 세우고 수 일 내에 완전히 수습하겠다."고 하였다. 이에 국회에서는 ① 현재 인솔된 전 장병에게 인도적인 처우를 하기 위하여 우선 잠정적으로 시급 수용을 단행할 것. ② 병력 요소를 구비한 자와 비병력 요원을 분류 정리하여 최소한의 병력 요원만을 확보할 것. ③ 병력 요원은 즉시 훈련을 실시하고 비병력 요원은 해산 또는 생산동원에 보충할 것 등 6개항을 정부에 건의하였다.

이와 같이 국민방위군 문제가 수습의 실마리를 찾고 있을 즈음인 1951년 1월 20일에 국민방위군사령관 김윤근은 기자회견을 통하여 "백만 국민병은 편성, 훈련 중에 있다. 일부 불순분자들이 국민방위군 편성에 대하여 여러 가지로 낭설을 퍼트리고 있는 것을 실로 유감이다."라고 말하여 국회의원들은 물론 전 국민들이 흥분하게 되었고, 1월 26일에는 국방부장관 신성모가 국회 답변 시에 "국민병 처우 운운하나 최후승리를 위해서는 돌발적 사태임에도 불구하고 희생이 적었다는 것은 다행한 일이다. 그러나 제5열의 준동이 가장 위험한 일이니 제5열의 책동에 동요되지 말기를 바란다."라고 말하여 국민병 처우개선을 요구하는 자를 제5열로 몰아붙이고 국민방위군 책임자를 두둔하는 발언을 함으로써 국회의원들은 물론 전 국민이 분노하게 되었다.[14] 이에 국회는 국방부장관 파면 동의안을 상정하였으나 일단 부결되었다.

그러자 국회에서는 1951년 3월 29일 각 정파별로 3명씩 15명으로 '국회진상조사위원회'를 구성하여 이 사건을 조사하기로 하였다. 이때 엄상섭 의원의 제안설명은 다음과 같다.[15]

> "국민방위군 부정사건은 세인이 주지하고 있는 사건으로서 최근 모 수사기관에서 구속문초 중이던 피의자 3명을 석방하였다 하는데, 이 석방은 국민의 의혹을 더욱 조장하고 있다. 이 사건은 국민방위군의 비용을 15억 원이나 잘라먹어서 국민이 가장 비분을 느끼는 사건으로 최대의 부정사건임과 동시에 최대의 군기문란 사건이다. 이 사건이 어떤 압력에 눌려 유야무야가 될 가능성이 있으므로 국회에서 이 사건의 진상을 즉시 조사하여 철저히 규명하여야 한다."

국회 진상조사위원회는 1개조 3~4명씩 5개조를 편성하여 약 1개월 동안 조사한 후 5월 7일에 그 결과를 발표하였다. 국회 조사에 따른 국민방위군의 부정액수는, ① 인원수 허위 보고에 의한 현금 횡령액으로 23억 5,126만 원,[16] ② 인원수 허위보고에 따른 양곡 횡령액으로 20억 4,710만 원,[17] ③ 공제액이란 명목으로 예하대

---

14) 부산일보사, 『임시수도 천일』 상, p.171.

15) 중앙일보사, 『민족의 증언』 제3권, p.338.

16) 국민방위군 설치일인 50년 12월 16일부터 51년 3월 31일까지 105일 동안 육군본부에 보고된 인원은 연인원 27,323,494명으로 이는 하루 평균 260,223명이다. 그런데 국민방위군 사령부는 연인원 19,740,554명이 있었다고 보고함으로써 연인원 7,582,940명이 차이가 나며 이는 1일 평균 72,218명을 허위 보고한 것이다. 따라서 인원 허위보고에 따른 횡령액은 부식비・연료비・사무비 등 현금액이 23억 5,126만 원이다.

17) 국민방위군사령부는 농림부에서 쌀 1,390,315가마(1일 평균 316,715명분)를 수령하였는데, 국민방위군사령부는 1일 평균 188,005명에게 급식한 것으로 보고함으로써 1일 평균

의 공금을 횡령한 액수가 28억 8,328만 원이었다.[18] 이상의 부정액만 합해도 72억 8,164만 원이었다.

이 외에도 ① 휴대용 대용식인 제리를 만들기 위한 제리 공장을 운영한다고 하면서 하루 10가마를 구울 수 있는 가마솥 4개를 걸어 놓고 하루에 쌀 250가마를 소비한 것으로 정리했고, 제리 원료 구입명목으로 백미 4,500가마를 가마당 25,000원에 팔아서 찹쌀을 5말들이 1가마에 125,000원에 사들인 것으로 정리했고, 그리고 가공료로 백미 5,000석, 현금 3억 7,000만 원 등 이중 지불한 것으로 정리하였다. ② 자동차 250대를 구입한 것으로 해놓고, 실제로는 20대만 구입하고 수십 대는 빌려 놓았다. ③ 명태 3,860,000짝을 입수한 것으로 되었으나 장부에는 4,000짝만 검수되었다. ④ 담요 등 기타는 장부와 현품과의 차이가 많이 났다.[19]

한편 헌병사령부에서 조사하여 발표한 김윤근 이하 국민방위군 사령부 간부들의 부정내용은 현금 24억 2,111만 원, 군량미 1,887가마였다.[20] 국회의원의 조사결과와 군 수사기관의 조사결과가 차이가 난 것은 부정액 계산방법이 틀린 데에서 기인한 것 같다. 그러나 이들이 군법회의에서 심판을 받을 때는 군 수사기관의 수사결과 자료에 의하여 재판받았다.

128,000여 명분의 양곡을 횡령하였으며 금액으로 환산하면 배급가격으로 20억 4,710만 원이다.

18) 국민방위군사령부에서는 예하 교육대에 나가는 현금(부식비, 연료비, 사무비) 중 사무비, 병기 보수비, 환자치료비, 사무실 유지비 등의 명목으로 상당액을 공제했는데, 이의 공제총액이 28억 8,328만 원이다.

19) 이는 국민방위군사령부가 제시한 자료를 근거로 하여 산출한 금액이다. 여기에 교육대의 부정액수는 포함되지 않았다.

20) 한국혁명재판사 편찬위원회, 『한국혁명재판사』 제1집, p.19.

〈표 22〉 국민방위군 간부의 부정 액수

국민방위군 예 산	국회 조사결과				군 헌병수사 결과	
	소 계	현금횡령	양곡횡령	공금횡령	현 금	군량미
209억 830만 원	72억 8,164만 원	23억 5,126만 원	20억 4,710만 원	28억 8,328만 원	24억 2,111만 원	1,887가마

이처럼 국민방위군 간부들이 착복한 방위군 예산은 당시 조사를 책임졌던 헌병사령관 최경록 준장의 다음 증언이 잘 설명해 주고 있다.[21]

> 이렇게 많은 돈이 어떻게 유용되었는지를 조사했더니, 횡령액 중 1/3은 국회의 신정동지회에 정치자금으로, 1/3은 관계 요로(要路)에 무마비조로, 1/3은 국민방위군 간부들의 유흥비로 소비되었다. 특히 이 사건은 신성모 국방부장관이 국회 내에 자기를 지지하는 정치세력을 만들려고 70명의 신정동지회에 정치자금을 지원한 데서 일어난 사건이다.

최경록(육군중장 예편 · 육군참모총장 역임) 장군의 증언에서처럼, 국민방위군 고위 간부들은 횡령한 금액을 유흥비, 정치자금, 무마비(撫摩費) 등의 명목으로 대부분 사용하였다. 정치자금 유입 문제는 결론을 내지 못하고 유야무야 끝났다. 당시 국회의 세력분포는 175명의 의원 중 신정동지회가 70명으로 5개 정파 중 가장 많았는데 정치자금은 신정동지회로 1억 원가량이 흘러들어 갔다는 주장이 있었으나,[22] 국회 조사 시에 이 부분에 대해서는 유야무야

21) 중앙일보사, 『민족의 증언』 제3권, p.335.

22) 정부기록보존소 소장, 「국민방위군 사건의 기소장의 일부에 나타난 부당성에 대한 건」. 신정동지회 국민방위군 자금 유입설과 관련하여 신정동지회에서는 1951년 7월 「국민방위군 사건의 기소장의 일부에 나타난 부당성에 대하여」란 제하의 6쪽짜리 분량의 탄원서를 군사법정에 제출하였다.

한 채 결국 밝혀내지 못했다. 무마비는 국회의원, 군 고위층, 행정기관, 감독기관 등에 주로 사용된 것으로 밝혀졌다.

3. 국민방위군 사건에 대한 군사재판과 조치

국민방위군 사건은 헌병사령부에서 맡아 조사한 후 군법회의로 넘어갔다. 그러나 이 사건이 정치적으로 얽혀 있어 조사과정에서 많은 어려움이 있었고, 사건에 대한 견해 차이도 많았다. 일부에서는 이 사건을 단순한 '경리부정사건'이라고 하고, 다른 일부에서는 경리부정과 군수물자 부정 처리와 함께 인명피해를 가져온 사건으로 규정했다.

헌병사령부는 국민방위군 부정사건 조사 시, 신성모 국방부장관의 방해를 받았다. 신성모 국방부장관은 처음에 이 사건을 "문제 삼을 것 없다."고 하면서 조사를 하지 못하게 하다가, 대통령이 '철저히 조사하라'는 지시를 하자 그때서야 헌병사령관에게 "사령관 김윤근은 구속하지 말고 조사하라."고 하였다. 이리하여 처음에는 주모자급 6명만을 조사하게 되었는데, 5명은 구속조사하고 김윤근은 사령부 내에서 연금 상태로 조사하였다.

당시 군법회의에 회부된 국민방위군 사건 연루 간부들에 대한 법 적용이 문제가 되었다. 즉 미 군정기에 제정된 「국방경비법」[23)]

---

23) 국방경비법은 조선경비대에 적용할 목적으로 제정된 것으로 전문 115조 부칙으로 구성되어 있다. 본 법은 미 군정시기 국방부 전신인 통위부에서 「군사법(軍司法)에 관한 법령」으로 조선경비대에 적용할 목적으로 제정·공표되었다. 따라서 이 법은 우리 군의 최초의 군 사법

과 6・25 이후 제정된 「비상사태하 범죄처벌에 관한 특별조치령」(이하 약칭 비상조치령) 중 어느 법률을 적용하느냐가 논란의 초점이었다. 비상조치령이란 6・25 직후에 공포된 법령으로 6・25전쟁이란 비상사태하에서 군수물자를 부정처분한 자는 사형까지 가능하였다.[24] 국회에서는 4월 30일 국민방위군 폐기법안이 3시간의 격론 끝에 투표에 붙여져 통과되었다.

〈표 23〉 국민방위군 주요 사건 일지

연월일	주 요 내 용	비 고
1950. 11. 20	국민방위군설치법안 국회 제출	국민방위군 설치법안 이송의 건
12. 15	국민방위군설치법안 국회 본회의 상정(외무분과위원장 지청천 의원)	·
12. 16	국민방위군설치법안 국회 본회의 통과	전문 11조 및 부칙
12. 21	국민방위군설치법 공포	법률 제172호
1951. 1. 1	국민방위국 설치(초대국장 이한림 육군준장)	국본일반명령(육) 제72호
1. 10	국민방위군 사령관 담화 발표	『동아일보』, 1951. 1. 10.
1. 15	국민방위군 참상 국회에서 본격적 의제로 등장 ※ 이종욱 의원 외 14인, '제2국민병 처우에 대한 긴급동의안' 제출	국회 13인 특별위원회, '제2국민병 개선책' 준비
1. 16	국회, '제2국민병 처우개선 건의안' 채택(6개항)	『제10회 국회정기회의 속기록 7호』, 16~17.
1. 21	국민방위군사령관 방위군 참상을 '불순분자들의 소행'으로 규정	·
1. 26	국방부장관(신성모) 국회에서, '5열 선전'에 흔들리지 말라고 답변	·

(司法)이라 할 수 있다. 국방관계법령집 발행본부, 『국방관계 법령 및 예규집』, pp.151-200.

24) 비상조치령은 1950년 6월 25일 대통령령(긴급명령) 제1호로 제정 공표된 것으로 전문 13조 부칙으로 구성되어 있다. 본령은 비상사태하에 있어서 반민족적 또는 비인도적 범죄를 신속히 엄중처단하는 것을 목적으로 한다(제1조). 또 본령에 말하는 비상사태라 함은 1950년 6월 25일 북한 괴뢰집단의 침구에 인(因)하여 발생한 사태를 말한다(제2조). 비상사태에 승하여 살인・방화・강간, 그리고 다량의 군수품 기타 중요물자의 강취, 갈취, 절취 등 불법처분을 하는 자는 사형에 처한다(제3조). 국방관계법령집 발행본부, 『국방관계 법령 및 예규집』, pp.94-96.

1. 29	국민방위군 편성예산 국회제출(1・2・3월분 예산) ※ 제출 예산액(추가예산): 209억 830만 원	50만 명분 예산
2. 8	국민방위군사령관 국민방위군 예산통과에 따른 담화문 발표	·
2. 17	국민방위군 36세 이상 장정 귀향 조치	·
3. 25	국민방위군 26세 이상 장정 귀향 조치	·
3월 하순	육군헌병사령부 국민방위군 수사 착수	윤우경 헌병 중령
3. 29	• 국회진상조사위원회 구성 제의(부정처분액 15억 원 의혹 제기) • 국민방위군 의혹사건 국회특별조사위원회 구성(15명)	공화구락부 엄상섭 의원, 긴급동의로 위원회 구성
3. 30	국민방위군 12만 명 교육대에서 해산	·
4. 15	국민방위군사령관, '방위군 입장 호소 및 자체정화 담화문' 발표	·
4. 25	국민방위군 의혹사건 국회특별조사위원회 중간발표	공화구락부 서민호 의원
4. 30	국민방위군 폐지법안 국회 통과(재석의원 152명 중 찬성 88, 반대 3)	·
5. 4 ~5. 6	• 5. 4~5. 5: 중앙고등군법회의, 국민방위군 사건 심리 • 5. 6: 국민방위군 사건 연루자 선고(16명) ※ 실형(4명), 파면(10명), 무죄(2명)	재판장(이선근, 정훈국장) 국방경비법 적용
5. 7	• 국민방위군 의혹사건 국회특별조사위원회 종합 발표 ※ 국민방위군 예산 209억 830만 원 중 138억 원만 국민방위군사령부로 전달 • 국민방위군 의혹사건 조사처리위원회 구성(위원장 조봉암 국회부의장)	공화구락부 태완선 의원
5. 8	국방부장관(이기붕) 헌병사령부에 국민방위군 사건 재수사 지시 ※ 5. 5: 신성모 전 국방부장관 사표 수리	5월 7일, 이기붕 국방부장관 취임
5. 9	국회부의장(이시영), 사임서 국회제출	시위소찬(尸位素餐) 성명서 발표
5. 12	국민방위군 폐지법(법률 제195호) 공포	·
5. 17	국민방위군 해체 완료	5. 5일부로 제5군단 창설
6. 11	헌병사령관 최경록 육군준장 수사결과 발표 ※ 부정처분 액수: 현금(24억 2700여만 원), 양곡(1,800가마)	·
7. 5	육군중앙고등군법회의 개정 ※ 국민방위군 사건 재판: 비상사태하 범죄처벌에 관한 특별조치령 사건	재판장(심언봉 육군준장) 비상조치법 적용
7. 18	구형 공판(사형: 5명, 징역 5년: 1명)	·
7. 19	언도 공판(사형 5명: 형 확정, 징역 5년: 무죄 선고)	·
8. 13	국민방위군 간부 5명 공개 총살형으로 사형 집행	대구 근교

그럼에도 국방부 정훈국장 이선근(李瑄根 · 육군준장 예편) 육군준장의 심리로 진행된 국민방위군 사건 제1차 공판은 1951년 5월 4일부터 5월 6일까지의 군법회의[25]에서 재판장 이선근 장군은, 김윤근 사령관은 기소 각하, 윤익헌 부사령관은 징역 3년 6개월, 그리고 나머지 4명은 징역 1년 6개월 등 사건의 중대성을 간과한 채 가벼운 형량을 선고하였다.[26] 이와 같이 형량이 가볍게 결정된 것은 본 사건을 경리부정사건으로 취급하여 「국방경비법」을 적용하였기 때문이다.

재판결과가 언론에 발표되자 온 나라가 발칵 뒤집혔고, 이들을 극형에 처해야 된다는 소리가 비등하였다. 이때 거창 사건의 폭로로 온 나라가 시끄러운 상태에서 국민방위군 사건에 대한 정부의 무성의한 처리에 국민들이 극도의 불만을 표시하자, 이승만 대통령은 5월 5일 신성모 국방부장관의 사표를 전격 수리하고,[27] 이틀 후인 5월 7일 이기붕(李起鵬)을 국방부장관에 임명하기에 이르렀다.

국회에서도 이 문제를 그냥 넘기지 않았다. 국회는 5월 7일 국민

25) 심리는 1951년 5월 4일~5월 5일까지이고, 선거공판은 1951년 5월 6일이었다.

26) 동아일보사, 『비화 제1공화국』 제2권, 홍우출판사, pp.233－234. 윤익헌(징역 3년 6개월), 강석한(4개월), 김희(파면), 장희두(파면), 박기운(파면), 노용식(파면), 제15교육대 박철(6개월), 이성경(파면), 제27교육대 임병언(3년), 김사연(파면), 송재동(파면), 심언국(파면), 송재동(파면), 정원래(파면), 홍종명(무죄), 이성순(파면), 김종철(무죄).

27) 신성모 국방부장관은 1951년 4월 25일 이승만 대통령의 종용으로 이미 사표를 제출한 상태에서 5월 5일 사표가 수리되었다. 『동아일보』 1951. 5. 6. 그러나 신성모 국방부장관은 자신의 거취문제를 놓고 사단장급 이상 장군들을 동원하여 대통령에게 연명 청원서를 보고하게 하였다. 이 사실은 1951년 5월 4일 동경발 프랑스 통신에 의해 보도된 것으로 다음과 같다. "1951년 5월 3일 정일권 총사령관은 전선의 한국군 장성급 지휘관들이 서명한 청원서를 이승만 대통령에게 제출하였다. 청원서에는 최근 내각의 장관들의 사임이 군 사기에 심각한 영향을 미치고 있다는 점을 강조하면서, 대통령의 심정적 파트너인 신성모 국방부장관의 사임을 재고해 줄 것을 건의하고 있다. 국회에서는 그 청원서가 정부에 대한 군부의 압력을 가져오는 것으로 보고, 국무총리와 국방부장관은 국회에 출두하여 이 문제를 설명하라고 요구했다." 『Intelligence Report of the Central Intelligence Agency』 16권, p.609.

방위군사건 특별조사위원들의 조사결과를 보고받고, 다음 날인 5월 8일 조사결과를 정부에 이송하면서 3개항을 정부에 요구하였다. 국회가 요구한 3개항은 다음과 같다. 첫째, 국민방위군 의혹사건을 검찰이 철저히 규명하여 엄중히 처단할 것, 둘째, 국방경비법과 비상조치법을 적용하여 군법회의에서 재심할 것, 셋째, 사건 관련자는 사건 판결 시까지 휴직시켜 수사에 지장이 없도록 할 것 등이다.

또 5월 9일 이시영 부통령이 국민방위군 사건 처리에 불만을 품고 사퇴하자, 여론은 더욱 들끓게 되었다. 대통령은 신성모 국방부장관을 교체한 데 이어 6월 23일 지휘계선상에 있는 정일권(丁一權 · 육군대장 예편) 육군총참모장과 강문봉(姜文奉 · 육군중장 예편 · 군사령관 역임) 작전국장을 미 지휘참모대학 입교 명령을 내리고, 후임에 이종찬(李鍾贊 · 육군중장 예편 · 육군참모총장 역임) 소장과 이용문(李龍文 · 육군소장 추서 · 사단장 역임) 준장을 임명하였다. 이로써 재심에 장애가 되는 국민방위군 간부들의 정치적 배경이 차례로 제거되었다.[28]

신임 국방부장관 이기붕(李起鵬)은 국민방위군 사건을 재(再)조사하도록 지시하였고 이종찬 소장도 이 사건을 고등군법회에서 공평무사하게 처리하도록 지시하였다. 이리하여 국민방위군 사건은 재조사를 받게 되었고, 5월 17일 이기붕 국방부장관은 재수사와 관련하여 "국민방위군 사령관 김윤근이 구속되어 조사받고 있다."고 국회에 통보하자 국회의원들은 박수갈채를 보냈다.[29]

1951년 6월 10일 헌병사령부는 재수사를 마치고 국민방위군사령

28) 중앙일보사, 『민족의 증언』 제3권, p.349.
29) 부산일보사, 『임시수도 천일』 상, p.203.

관 김윤근 준장, 부사령관 윤익헌 대령, 재무실장 강석한 중령, 조달과장 박창원 소령, 보급과장 박기환 중령, 군수처장 김희 대령, 회계과장 장의두 소령, 회계과장 보좌관 노용식 대위, 제15교육대장 박철 중령, 제27교육대장 임병언 대령, 제10단장 송필수 대령 등 11명에 대해 비상조치법을 적용하여 엄단하여야 한다는 의견을 첨부하여 고등군법회의로 송치하였다. 이때 국민방위군 간부들의 죄상은 근무태만, 정부재산 부정처분 횡령, 문서위조, 비상조치령 제3조 5호 위반, 정치관여 등이라고 밝혔다.[30)]

그런데 이들 중 군수처장 김희 대령과 회계과장 장의두 소령 등은 도피 및 행방불명이었고, 회계과장 보좌관 노용식 대위는 파면처리되었기 때문에, 결국 제2차 재판에 회부된 인원은 1차 재판에서 기소각하 처리된 김윤근 사령관을 비롯한 8명뿐이었다. 본 재판의 관할관이자 육군총참모장인 이종찬 소장은 일사부재리 원칙을 놓고 고심하다가 "기소내용이나 법 적용이 달라질 경우에는 재심이 가능하다."는 결론을 내리고 재심을 결정하였다. 이에 따라 본 사건은 '비상사태하 범죄처벌에 관한 특별조치령 사건'이라는 죄명하에 비상조치법이 적용되어 육군중앙고등군법회의에서 재심하기로 하고 후방에 있는 고급장교 중 강직하고 신망 있는 인물로 재판부를 구성했다.

육군중앙고등군법회의 재판장에는 병기감 심언봉(沈彦俸 · 육군준장 예편) 준장을, 그리고 재판관에는 작전국장 이용문(李龍文 · 육군소장 추서) 준장, 감찰감 안춘생(安椿生 · 육군중장 예편 · 육군

30) 김세중, 「국민방위군 사건」, p.97.

사관학교 교장 역임) 준장, 군수국장 김형일(金炯一 · 육군중장 예편) 준장, 법무사 계철순 소령 등을 선정하였다.[31]

재판은 1951년 7월 5일 국민방위군사령부가 위치하던 대구 동인국민학교 강당에서 개정되어 신속하게 진행되어, 7월 8일에는 결심공판(구형)이 있었고 7월 19일에 언도 공판(판결)이 있었다.[32] 제2차 재판에서 이들의 죄목은 근무태만, 정치관여, 군수물자 부정처분, 횡령, 문서위조 등 비상조치법 위반으로 국민방위군 사건의 핵심간부인 김윤근, 윤익헌, 박기환, 강석한, 박창원 등 5명에게는 사형, 기타에게는 무죄가 선고되었다.

이처럼 이들이 극형을 언도받은 것은 그 죄질이 나쁜 탓도 있지만, 다시는 전시하(戰時下)의 이러한 범죄행위가 나와서는 안 될 것이라는 경종(警鐘)과 교훈의 성격이 강하게 작용한 것이었다. 이는 제갈공명이 읍참마속(泣斬馬謖)을 하듯, 당시 국민들의 분노를 무마하고 군의 기강을 바로잡기 위한 일벌백계(一罰百戒)의 차원에서 재판부가 국민들을 대신하여 내린 심판이었다. 이러한 내용은 국민방위군 사건의 최종 판결문에서 충분히 읽을 수 있다. 판결문은 피고인 6명에 대한 인적사항, 사건명, 판정과 판결로 된 주문(主文),

31) 1951년 7월 5일 제2차 국민방위군 사건을 맡은 육군 중앙고등군법회의(대구 동인국민학교)의 재판부와 변호인단은 다음과 같다. 재판장 육군준장 심언봉(병기감), 법무사 육군 대령 계철순, 심판관 육군준장 김형일(군수국장), 심판관 육군준장 정진완, 심판관 육군준장 안춘생(감찰감), 심판관 육군 대령 이용문, 심판관 육군 대령 박병권, 검찰관 육군 중령 김태청, 검찰관 육군 소령 김동섭, 검찰관 육군 대위 양태동, 검찰관 검사 윤기구, 검찰관 검사 서병균, 변호인 육군 소령 조승각, 관할관은 당시 육군총참모장인 육군 소장 이종찬이다.

32) 현재 확인된 재심 군법회의 관련 문서는 2건이다. 육군본부 법무감실 소장, 「피고인 김윤근 등의 국민방위군사건 판결문」; 군사편찬연구소, 「National Defense Corps Trial」, 『The US Department of State Relating to the Internal Affairs of Korea』 59, 2001, pp.795－800. 전자는 국민방위군 사건을 '비상사태하 범죄처벌에 관한 특별조치령 사건'이라는 죄목으로 된 5쪽짜리 판결문이다. 후자는 국민방위군 사건 재판에 관한 내용을 1951년 9월 5일부로 주한미대사관에서 미 국무부로 보고한 내용이다.

판결이유, 그리고 심판장과 심판관 인적사항으로 구성되어 있다.[33]

제2차 국민방위군 사건 판결문(1951. 7. 19)

본적: 함경남도 함주군 상천면 오로리 940번지
소속: 전 국민방위군사령부 사령관 육군준장 200427 김윤근(당 43세)

본적: 서울특별시 종로구 계동 121번지의 3
소속: 전 국민방위군사령부 부사령관 육군대령 200430 윤익헌(당 46세)

본적: 함경남도 흥남시 구룡리 15번지의 173
소속: 전 국민방위군사령부 재무실장 방위중령 508881 강석한(당 34세)

본적: 서울특별시 동대문구 휘경동 259번지
소속: 전 국민방위군사령부 조달과장 방위소령 500708 박창원(당 30세)

본적: 함경남도 흥남시 출운동 157번지의 2
소속: 전 국민방위군사령부 보급과장 방위중령 500588 박기환(당 33세)

본적: 충청남도 대덕군 유성면 봉명리 74번지
소속: 전 국민방위군 대전 제10단 단장 방위대령 150534 송필수(당 33세)

상기 피고인 등에 대한 비상사태하 범죄처벌에 관한 특별조치령 사건을 서기 1951년 4월 30일부(육본특명 갑 제368호), 7월 5일부(육본특명 갑 제441호)에 의하여 설치된 군법회의는 검찰관 육군중령 김태청, 동 육군소령 김동섭, 동 육군대위 양태동, 동 검사 서병균 관여 심리한 결과 하기와 같이 판결함.

1. 주문(主文)
판정
피고인 김윤근: 1950년 12월부터 1951년 3월 말경까지 간에 금 1억 2

---

33) 육군본부 법무감실 소장, 『피고인 김윤근 등의 국민방위군 사건 판결문』.

천만 원을 소비하여 부정처분하였음에 유죄
공문서인 지출결의서 구매 요구서 허위작성 및 행사에 국한하여 유죄

피고인 윤익헌: 1950년 12월부터 1951년 3월 말경까지 간에 금 1억 2천만 원을 소비하여 부정처분하였음에 유죄
공문서 위조행사에 국한하여 유죄
이종상에 대하여 '백지 백 톤을 즉시 인도하라 인도치 않으면 총살한다.'고 위협하여 갱지 10톤을 갈취하였음에 국한하여 유죄

피고인 강석한: 1950년 12월부터 1951년 3월 말경까지 간에 금 1억 2천만 원을 소비하여 부정처분하였음에 유죄
공문서 위조행사에 국한하여 유죄

피고인 박창원: 피복보조금 부분에 국한하여 유죄
및 박기환 1950년 12월부터 1951년 3월 말경까지 간에 금 1억 2천만 원을 소비하여 부정처분하였음에 유죄
공문서 위조행사에 국한하여 유죄

피고인 송필수: 무죄

판결: 피고인 김윤근 사형, 윤익헌 사형, 강석한 사형, 박창원 사형, 박기환 사형

2. 판결 이유

합법적인 증거에 의하여 주문과 같이 판정하여 해(該) 판정의 기초 위에 각 피고인의 범정(犯情)을 살피건대 서기 1950년 6월 25일 북괴의 침공으로 아 대한민국의 존망이 오로지 군전투력의 우열과 국내외 신망에 의존하였으매, 군인된 자는 모름지기 이를 자각 인식하여 질실(質實) 강건 청렴결백으로써 멸적전선(滅敵戰線)에 솔선 정신하여야 할 것임에도 불구하고 피고인 등은 아(我) 민족으로서 또는 아(我) 군인으로서 당연히 포지(抱持)하여야 할 차(此) 정신을 망각하고 다대한 국재(國財)를 위법소비하고 막대한 군량을 부정처분함으로써 국민경제를 요란시켰으며 멸공감투(滅共敢鬪)의 성의에 운집한 애국청년의 참화에 일인(一因)이 되어서 국군의 단결과 신망에 지대한 손상을 주고 병역기피, 군민 이간 등의 악영향을 초래하였음.

피고인 등의 과거 청년운동에 있어 그 공적을 긍인하지 않는바 아니나 기 범죄결과의 중대성과 아 민족, 아 민국의 무궁한 번영발전을 위하여 읍참마속(泣斬馬謖)한 공명(孔明)의 심경으로써 이에 주문과 같이 판결함.

1951년 7월 19일
육군중앙고등군법회의

재판장 육군준장 심언봉
법무사 육군대령 계철순
심판관 육군준장 김형일, 육군준장 정진완, 육군준장 안춘생, 육군대령 이용문,
육군대령 박병권

사형을 선고받은 이들 국민방위군 간부 5명은 선고 후 약 2주일 만인 1951년 8월 13일 대구(大邱) 교외에서[34] 이례적으로 공개 총살형에 처해졌다.[35] 이로써 세칭 국민방위군 사건은 1·4후퇴라는 당시 국가적으로 어려운 여건하에서 모든 국민이 멸공전선에 분투하고 있는 중요한 시기에 개인의 영달과 유흥을 위해 국가의 자원을 낭비하고, 군량을 부정처분하고, 이로 인해 수많은 사상자를 발생케 하고, 그리고 국민경제질서를 문란케 한 오명을 남긴 채 일단락 짓게 되었다.

34) 당시 지명은 경북 달성군 월배면 송현동 벌리산 골짜기이고, 현재는 대구광역시 남구 송현동 벌리산이다.

35) 『동아일보』 1951. 8. 13.

제6장

국민방위군 해체와 예비 제5군단 창설

1. 국민방위군 해체에 따른 국방부 조치

국방부는 국민방위군이 해체된 뒤 이에 대한 실질적인 해체 작업에 들어갔다. 그중 하나가 뒤에서 언급할 예비 제5군단의 창설에 관한 업무이고, 그다음이 국민방위군의 재산정리를 위한 기구를 설치함으로써 법적인 조치뿐만 아니라 내용 및 재산에 이르기까지 철저한 해체 작업을 실시하였다. 재산정리를 위해 육군본부에 '국민방위군 재산정리위원회'를 설치하여 1952년 6월 7일 임무가 완료되자 위원회를 해체하고 있는 것을 알 수 있다.[1)]

국민방위군의 재산정리는 육군본부 군수국장 책임하에 육군의 각 장비 및 물자 책임 부서인 병기 · 병참 · 의무 · 통신 · 재무 등 5개 감실(監室)이 맡아 추진하였다.

육본일반명령 제103호(1952. 6. 5)

국민방위군 재산정리위원회 해체

1. 1952년 6월 7일 영시부로 육본일반명령 제154호(1951. 10. 18)로

---

1) 「육본일반명령 제103호」, 1952. 6. 5.

설치된 국민방위군 재산정리위원회를 해체한다.

2. 국민방위군 재산정리위원회 위원장은 관계서류 및 잔무를 아래와 같이 인계하라.
   업무전반(실적) 군수국장에게
   병기관계 병기감에게
   병참관계 병참감에게
   의무관계 의무감에게
   통신관계 통신감에게
   재무관계 재무감에게
3. 군수국장은 각 관계감의 서류 및 잔무 인수결과에 관한 종합보고서를 1952년 6월 15일까지 고급부관에게 제출하라.

육군 총참모장 육군중장 이종찬

또한 군은 국민방위군 사건이 일어난 뒤 만 4년 후인 1955년에 국민방위군으로 소집되어 희생된 자에 대한 명예 및 보상문제를 처리하기 위해 일정한 유예기간을 두고 소집되어 희생된 자(者)들에 대한 신고를 접수받았다. 이는 군이 뒤늦게나마 국민방위군으로 소집되어 전사 및 순직한 자들에 대한 조치였다. 이를 위해 군은 국민방위군 전사자 등록행사와 관련하여 1955년 4월 21일 『동아일보』를 통해 이러한 사실을 보도하였다.[2] 다음은 이와 관련된 동아일보 기사내용이다.

한때 세상을 아연케 한 바 있는 소위 "국민방위군 사건"은 아직도 세인의 기억에 새로운 바 있거니와 국방부 당국에서는 당시 국민방위군에 소속되었다가 사망한 '애꿎은 생명'들에 대하여 현역 군인과 동일한 사망급여금을 지급기로 결정하고 이에 수반되는 제반 업무추진을 19일부로 육군본부에 정식 시달하였다.

---

2) 『동아일보』 1955. 4. 21(목).

그런데 동(同) 지급요령에 의하면 당시의 사망자들에 대한 비치 기록이 전혀 없으므로 우선 1951년 5월 10일부터 6월 10일까지의 1개월간을 유가족들에 의한 등록기간으로 설정하고, 이 등록을 중심으로 하여 국방부 당국이 개개인에 대한 정확한 판정을 심사한 후 확정된 자에 대하여 지불을 개시한다는 공고를 발표하였다. 이에 대한 급여액은 현행 "군인·군속 사망 급여규정"에 규정된 각 급별 액수에 준한다는 것이었다.

이에 필요한 등록서류로는 ① 전사통지서, 유가족 증명서 또는 기타 증명서 2통, ② 거주지 시읍면장이나 경찰서장의 전사 인증서 또는 전사(戰死) 내용이 기재된 호적등본 2통을 첨부하여 각 지구 병사구사령부에 제출해야 된다.

이를 위해 국방부는 신문공고에 이어 국민방위군 장병 전사자에 대한 조치를 취하였다. 1955년 4월 25일 국방부는 국민방위군 장병 전사자에게도 현역 전몰군인과 동등한 국가은전을 시혜하기 위하여 '국방병무 제377호'에 의거 '무원(務援) 제803호'로 동년 6월 16일 각 관계기관에 하달하고, 국민방위군 장병 전사망자 등록 행사를 1955년 6월 1일부터 동년 6월 30일까지 전국적으로 실시하였다. 그 결과 등록된 467명 중 검토·확인된 331명에 대해서는 1955년 9월 20일 '무원(務援) 제1835호'로서 국방부에 상신하였다.[3]

〈표 24〉 국민방위군 사망자 통계표(1955. 10. 31 현재)

구	분	계	서울	경기	강원	충북	충남	전북	전남	경북	경남	제주
접 수 건 수	소계	467	10	19	116	20	3	256	9	7	27	
	장교	50	2	6	4		2	27	6		3	
	사병	417	8	13	112	20	1	229	3	7	24	
전 사 확인수	소계	331	7	13	19	14	2	248	8	19	1	
	장교	44	2	3	4		2	27	5		1	
	사병	287	5	10	15	14		221	3	19		

3) 육군본부, 『6·25사변 후방전사』 인사편, p.243.

회송건수	소계	136	3	6	97	6	1	8	1	7	7	
	장교	6		3					1		2	
	사병	130	3	3	97	6	1	8		7	5	

자료: 육군본부, 『6·25사변 후방전사』 인사편, p.248.

그러나 이는 국민방위군 사건으로 많은 사상자가 발생하였음에도 불구하고, 그 뒤처리는 형식적이라는 비난을 받았다. 중앙 일간(日刊) 신문에 의한 실시 공고 게재도 문제이지만, 1개월간의 짧은 등록기간도 당시 국민들의 교육수준 또는 홍보매체를 볼 때 그 결과가 의심스럽지 않을 수 없는 조치였기 때문이다. 따라서 수(數)많은 국민방위군 희생자 중에서 전체 467건만 접수되었다는 것이 이를 입증하고 있다. 이는 서울과 경기 지역에서 제2국민병역이 가장 많이 소집되었는데도 접수된 피해가 겨우 29건이라는 것은 이 사업의 취지를 무색게 하고 있다. 특히, 장교는 제쳐 놓고라도 사병이 불과 417건이라는 것도 당시의 상황에 맞지 않다. 이러한 사업은 정부가 단 1회에 끝낼 일이 아니고, 지속적으로 실시하여 억울한 사람이 없도록 노력과 관심을 보여야 했다.

2. 예비 제5군단 창설과 임무

국민방위군은 1951년 4월 30일 국회에서 국민방위군 폐지법안이 통과되고, 5월 12일 정부에서 국민방위군 폐지법을 정식으로 공포함으로써 법적으로 완전히 해체되었다. 그러나 국민방위군은 1951

년 1월 15일 국회에서 최초로 문제가 제기된 이래 발전적 해체를 보게 된다. 국민방위군이 국민방위군 사건이라는 직접적인 요인에 의해 최종 해체되었지만, 국민방위군 해체의 보다 근본 요인은 농촌 및 산업인력의 부족과 전선 상황의 안정이었다. 막대한 제2국민병의 소집은 후방에 남아 있는 일할 수 있는 자원을 모두 군에서 흡수했기 때문에 그 여파는 당장에 농촌 및 산업계에 영향을 미쳤다.[4)]

따라서 정부에서는 연령별로 전선 상황을 보아 가면서 소집된 제2국민병 장정들을 귀향시켜 나갔다. 이러한 조치의 일환으로 나온 것이 1951년 2월 17일 실시된 36세 이상 장정 귀향 조치이고, 1개월 뒤인 3월 25일 26세 이상 장정들을 귀향 조치하였다. 그러다 국민방위군 사건이 심각해지자 3월 30일에는 전(全) 교육대를 해산하게 되었다. 이때 전선 상황은 국군과 유엔군이 1·4후퇴의 악몽에서 벗어나 서울을 재탈환하고 38선으로 진격을 하여 전쟁이전 상태를 이루게 되었던 것도 국민방위군 교육대를 해체한 원인이 되었다.

따라서 헌병 수사와 국회 조사가 본격적으로 이루어진 이 시기는 바로 전선상황이 안정을 찾아가던 시기였고, 다른 한편으로는 농촌의 일손이 부족하고 생산 활동의 근로자들이 절대로 필요한 시기였다. 이러한 점에서 볼 때 국민방위군은 국가가 최초로 요구한 장정 소개 및 보호라는 본래 목적을 달성한 뒤였다. 그러므로 이제 많은 인원이 필요하지 않았고, 대신 급히 필요한 병력보충에

---

4) 『The US Department of State Relating to the Internal Affairs of Korea』 57, p.253. 1951년 5월 8일 국무부 차관보(Jack McFall)가 미 상원의원(John Sparkman)에게 보낸 전문에, "교육대에서 비생산활동을 하고 있는 제2국민병 귀향시킨 근본 목적은 농업 및 기타 노동활동을 위한 필요성에 대처하기 위함이다. 한국 육군은 가용한 모든 장정을 모집하여 훈련한 것이 실패한 것도 아니고, 또 이들 장정들을 현역 전투부대로 두려고도 하지 않았다."고 밝히고 있다.

도 한시름 놓은 상태였기 때문에 많은 병력을 보호 및 소개하기 위해 필요했던 국민방위군의 임무가 어느 정도 달성된 것으로 보았던 것도 해체의 한 원인이었다.

이러한 배경하에 국방부는 1951년 4월 30일 국회에서 국민방위군 폐지법이 통과된 뒤, 국민방위군의 업무를 대행할 부대로 '예비 제5군단'[5]을 창설하였다. 이 점에서 국민방위군은 당시의 국방이 안고 있는 전장 환경에서 필수적인 예비전력을 확보하고 관리하는 군사조직체임이 확인되었다.

예비 제5군단이 국민방위군의 후신이라는 것은 1951년 5월 5일부로 국민방위국을 해체하고 예비 제5군단을 창설하고 있는 데에서 알 수 있다. 예비 제5군단은 1951년 5월 5일부로 제101사단(마산), 제102사단(통영), 제103사단(울산), 제105사단(창녕), 제106사단(여수) 등 5개 예비사단과 각 사단별 3개 연대씩 총 18개 연대를 창설하였다. 이는 예비 제5군단 사령부가 국민방위국 조직을 인수받은 것을 감안하면, 예비 5개 사단도 국민방위군의 예하 조직을 흡수하여 편성하였을 가능성이 크다. 다음은 1951년 5월 2일자로 하달된 「육군본부 일반명령 제51호」에 나타난 예비사단 창설에 관한 내용이다.

육본일반명령 제51호(1951. 5. 2)

1. 부대창설: 1951년 5월 5일 영시부로 다음 부대 창설을 확인한다.

---

5) 여기서 지칭하는 예비 제5군단이란 명칭은 현 육군 편제표상에 있는 제5군단과 구별하기 위해서 사용된 용어이다. 당시 정식 명칭은 제5군단이었다. 그러나 동년 11월에 예비 제5군단이 다시 해체되고 현재의 제5군단이 휴전 이후 창설된 관계로 이와의 혼동을 피하기 위해 사용하였음을 밝힌다.

第101사단(예비)	第102사단(예비)	第103사단(예비)	第105사단(예비)	第106사단(예비)
사단사령부(예비) 마산	사단사령부(예비) 통영	사단사령부(예비) 울산	사단사령부(예비) 창녕	사단사령부(예비) 여수
第101・102연대 (예비) 마산 第103연대(예비) 진주	第105・106연대 (예비) 통영 第107연대(예비) 삼천포	第108연대 (예비) 방어진 第109연대(예비) 온양면 남창리 第110연대(예비) 서생면 신암리	第111연대 (예비) 창녕 第112연대 (예비) 밀양 第113연대 (예비) 청도	第115・116연대 (예비) 여수 第117연대 (예비) 순천

2. 부대해체

① 1951년 5월 5일 영시부로 육군본부 국민방위국을 해체한다.

② 국민방위국 소속 인원 및 장비는 예비 제5군단 및 예비사관학교에 편입한다.

육군총참모장 육군중장 정일권

국방부는 국민방위국 해체와 동시 창설되는 예비 제5군단의 지휘부에 대한 편성에 착수하였다. 예비 제5군단 창설과 동시 1951년 5월 5일부로 초대 군단장에 군번 1번인 이형근(李亨根・육군대장 예편・육군참모총장 역임) 육군소장이 임명되었다.[6] 이형근 장군의 군단장 임명은 국민방위군 사건을 조기에 불식시키고 새로 창설되는 예비 제5군단의 중요성을 감안하여 군이 내린 신속한 조치라 할 수 있다. 부군단장에는 군사영어학교 출신이자 예비 제5군단 창설 당시 국민방위국장으로 있던 김종갑(金鍾甲・육군중장 예편)) 준장이 임명되었다.[7] 김종갑 장군의 부군단장 임명은 국민방

6) 「육일명 第49호」, 1951. 5. 5. 이형근(李亨根・육군대장 예편) 육군소장은 주일 한국 공사관 무관에서 예비 제5군단장에 임명됨. 이(李) 장군이 군단장에 임명될 때 군단사령부가 대구에 있던 관계로 경북지구위수사령관직도 겸직한다.

7) 「육본 특별명령 第49호」, 1951. 5. 5.

위국을 모체로 하여 예비 제5군단이 창설된 점을 고려하여 내린 조치였다.

예비 제5군단이 창설될 시점은 비록 38도선에서 피·아가 대치하고 있다고는 하나, 중공군의 4월 공세와 이후의 중공군의 계속된 공세를 고려할 때 인력자원 및 병력 보충업무는 한시도 소홀히 할 수 없는 중대사였다. 이러한 배경에서 국민방위국장이던 김종갑 장군을 새로 창설되는 예비 제5군단 부군단장에 임명한 것은 군단장을 중심으로 군단의 고유 임무인 병력보충 업무에 차질을 보여서는 안 된다는 의미가 있는 조치로 판단할 수 있다.[8)]

예비 제5군단은 향토방위, 치안확보, 잔비(殘匪) 소탕 업무 등을 주로 하면서, 중요한 신병 수송업무도 병행하여 수행하였다. 이를 위해 제101근무사단은 서부전선의 미군부대를 지원하고, 제105근무사단은 중서부 전선부대를, 그리고 제105근무사단은 중동부 전선의 부대를 지원하였다. 그러나 예비 제5군단은 예산 관계로 인하여 1951년 11월 1일부로 해체되고, 군단이 수행한 업무는 근무사단 및 노무사단으로 전환되어 이들 부대에서 임무를 맡아 병력보충 및 수송업무를 계속하여 담당하였다.

또한 국민방위군 중에서 많은 인원이 현역으로 편입되어 군 복무를 하였다. 그런데 이들에게는 군번이 부여되었는데, 군번 앞에 영문자 'R' 자를 붙였다.[9)] 이때 장교들은 R0900001～R0999999번을, 사병은 R01000001～R01999999번을 부여받았다. 그래서 이들

8) 김종갑 장군은 1951년 8월 1일 이형근 장군이 새로 창설되는 교육총감으로 보직을 받게 되자, 군단장 대리근무를 하였다.

9) 영문명 'R'은 예비의 의미인 'Reserve'의 약칭으로 판단된다.

방위군들을 일명 'RO'군번이라고 하였다. 그러던 중 1953년 7월 1일 국방부는 이들에게 새로운 군번을 다시 부여하였다. 이때 이들은 현역편입과 동시 군번을 재부여받았다. 현역으로 편입된 방위장교 3,395명은 국방부 특별명령 제33호에 의거 217551~220945번까지 군번을 부여받았고, 방위사병 5,486명은 육본 특별명령(을) 제289호에 의거 0703200~0708685번까지 군번을 부여받았다.[10)]

따라서 현재 현역으로 편입된 국민방위군 출신 장병들은 'R군번 소지자'와 'R 및 현역군번 동시 소지자'로 분류되어 있다. 그러나 현역으로 편입되지 못한 많은 국민방위군 출신, 즉 제2국민병으로 소집된 장정들은 군번이 부여되지 않아 병적기록표가 없어 복무사실을 확인할 수 없는 관계로 병무혜택을 보지 못하고 있는 실정이다. 따라서 국민방위군 사건에서 말하고 있는 순수한 의미의 국민방위군은 현역에 편입되지 않으면서 여러 가지 이유로 피해를 입은 채 오늘날 병역(兵役) 혜택을 보지 못한 제2국민병들을 의미한다.

〈표 25〉 국민방위군 출신 장병 군번소지자 현황[11)]

구 분		계	R군번 소지자	R/현역군번 동시 소지자
계		7,909	4,808	3,101
국민방위군	소 계	7,504	4,403	3,101
	장 교	3,288	188	3,100
	사 병	4,216	4,215	1
노무부대(KSC)		397	397	·
군 고용원		8	8	·

10) 중앙문서관리단 문서보존소 소장, 「국민방위군 연명부」(미발간).

11) 본 내용은 육군중앙문서관리단 문서보존소에서 인사명령철과 병상일지 등의 자료를 분석하여 전산화 작업을 추진한 결과, 약 8천 명에 달하는 국민방위군명부를 작성・유지하고 있다. 본 내용은 이 자료에 근거하고 있다.

결 론

대한민국 정부 수립 이후 일천한 역사에도 불구하고 건국 및 건군 주역들의 국방력 건설에 대한 인식에서 비롯된 예비군 창설 및 예비전력 확보 차원에서 조직되고 창설된 대한청년단, 청년방위대, 국민방위군, 예비 제5군단의 창설은 군사력 측면에서 중요한 의미를 갖고 있다는 것을 확인하였다.

특히, 국민방위군 창설은 이들 조직을 통합 운영하여 그 바통을 예비 제5군단에 인계했다는 점에서 이에 대한 분석과 재조명은 이 책의 연구에 중요한 위치를 점한다고 하겠다. 그런 점에서 결론에서는 국민방위군을 중심으로 분석하되, 필요에 따라서는 호국군·대한청년단·청년방위대와 관련하여 조명하게 될 것이다.

국민방위군 창설은 6·25전쟁 중 정부가 전쟁 수행과정에서 향후 전황(戰況)을 고려하여 취한 시의적절(時宜適切)한 조치였음에도 실패했다는 평가를 받고 있다. 이의 가장 큰 원인은 국민방위군 사건이었고, 다른 원인은 국민방위군 사건으로 희생된 분들에 대한 사후(事後) 미흡한 조치였을 것이다.

이러한 점에서 국민방위군에 대한 전반적인 평가는 매우 중요하다 하겠다. 아울러 본고를 통해 기존 국민방위군 사건에서 밝히지 못했던 새로운 사실들을 밝혀내는 것도 중요한 작업이 될 것이다.

다만 이는 국민방위군 연구라는 본고의 목적과 연구범위의 한도(限度) 내에서 이루어져야 함은 물론이다.

특히 국민방위군 또는 국민방위군 사건은 한국 현대사뿐만 아니라 국방사(國防史)에도 엄청난 영향을 주었다. 그러니만큼 이에 대한 연구 못지않게 이에 대한 분석 및 평가도 차후 국방정책 수립에 교훈적 요소가 될 수 있다는 점에서 충분히 고려되어야 할 것이다.

따라서 본고에서는 본 연구를 통해 새롭게 밝혀진 국민방위군에 관한 새로운 사실들을 제시하고, 나아가 국민방위군 창설 배경, 목적, 동기, 의의 등을 역사적 시각에서 재평가하여, 국민방위군을 해체케 한 국민방위군 사건을 교훈적인 측면에서 분석해 봄으로써 국민방위군에 대한 입장을 객관적으로 정리하고자 한다.

결국 이러한 작업은 국민방위군을 새롭게 조명하고, 국민방위군 사건으로 가려진 국민방위군에 관한 역사적 사실을 정확히 규명할 수 있음은 물론, 향후 이와 유사한 국방정책을 수립 및 추진하는 데 일조(一助)하게 될 것이다.

1. 호국군 · 청년방위대 · 국민방위군에 대한 분석 및 평가

본고를 통해 분석 · 평가한 국민방위군을 비롯한 이들 예비군 및 준군사조직에 대해 새롭게 밝힌 사실로는 다음 9가지로 요약 · 정리할 수 있다.

첫째, 국민방위군이라는 명칭의 배경과 해석이다. 국민방위군이 창설되기 이전, 예비군 및 준(準)군사조직으로 호국군을 비롯하여 대한청년단과 청년방위대가 있었다. 중공군이 개입할 당시 국민방위군이 책임져야 했던 제2국민병을 이동하여 훈련시키는 임무를 대한청년단이나 청년방위대 조직만으로도 충분히 할 수 있었다. 그런데도 정부에서는 굳이 국민방위군을 창설하였는데, 이는 대한청년단이 정부의 공식 기구가 아니었고, 청년방위대도 병역법 제77조에 근거를 두고 창설되었다고는 하나 확실한 법적 근거가 없었기 때문에, 제2국민병을 관리하고 예산을 획득하는 데에 여러 가지 문제가 있었기 때문이다.

또 청년방위대의 '청년'이라는 개념이 제2국민병을 구성하는 만 17～40세까지의 연령층을 포용하기에는 어울리지 않은 용어였다. 따라서 기존의 청년방위대나 대한청년단의 조직을 이용하되, 제2국민병을 수용할 수 있는 '국민'이라는 용어와 예산획득에 필요한 국민방위군설치법의 제정(制定) 당위성을 얻기 위해 당시 정부의 입장에서 이는 반드시 사전 정지(整地) 작업으로 반드시 필요한 조치였던 것이다. 이러한 배경하에서 정부는 국민방위군이라는 명칭을 사용하고, 법적인 근거 마련을 위해 국민방위군설치법을 국민의 대의기관인 국회에서 처리하도록 함으로써 국민적 공감대를 형성하였고, 차후 국민방위군 예산 편성에 대한 정당성을 찾을 수 있었다. 또한 이러한 법을 근거로 국방부에서는 육군본부에 국민방위국을 설치하였고, 국민방위군사령부 예하에는 국민방위군 사단을 편성할 수 있었다.

둘째, 국민방위군 해산에는 사상자 발생 외에도 전선(戰線)의 안정, 그리고 농촌 및 산업인력의 부족[12]도 크게 작용하였다. 국민방위군의 교육대에 수용된 제2국민병이 해산된 가장 큰 이유로는 국민방위군 간부들의 부정으로 인해 질병·기아·동상으로 많은 사상자가 발생하였기 때문으로 알려져 있다. 그러나 제2국민병이 해산되는 가장 커다란 이유 중에는 국민방위군 사건을 발생케 한 사상자 발생 외에도 농번기를 맞이할 농촌에서 일할 농업인력의 부족, 산업 전선에 기술자를 비롯하여 단순 노동자의 절대 부족, 그리고 1951년 1월 15일부터 시작된 국군과 유엔군의 재반격작전으로 1951년 3월 15일 국군 제1사단에 의해 서울이 재탈환되고, 국민방위군 교육대가 실질적 해산되는 3월 말경에는 38도선까지 진격하는 등 전선의 안정도 국민방위군 해산에 크게 작용하였다. 이는 정부가 국민방위군으로 소집된 36세 이상과 26세 이상 장정들을 차례로 해산시킨 것에서 알 수 있다.

셋째, 정부는 국민방위군을 대미(對美) 협상용 외교 카드로 적극 활용하였다. 국민방위군은 미국의 주방위군(National Guard)이나 예비군과 비슷한 명칭을 사용하여 미국의 인식을 높이고, 나아가 미국정부나 국민에게 한국정부의 전쟁수행에 대한 결전의지를 보임으로써 미국으로부터 보다 많은 지원을 얻고자 노력하였다. 실제로 한국은 국민방위군 창설과 때를 같이하여 미국에 대해 50만 명 내지는 100만 명의 청년들이 싸울 수 있도록 무기를 공급해 줄 것을 계속 요구하였다. 이는 1951년 4월 11일 주한미국대사 무초가 미국무장관에게 보낸 전문에서 확인할 수 있다. 주한 미국대사 무초는 "한국이 국민방위군을 창설한 것은 미국으로부터 보다 많은 무

---

12) 『The US Department of State Relating to the Internal Affairs of Korea』 57, p.253.

기를 요구하는 한편, 국민방위군을 오합지졸(rabble)이 아닌 '훈련받은 예비군 집단(a trained reserved group)'으로 육성하기 위한 것"으로 보고하였다. 또 그는 "한국정부가 국민방위군을 10개 예비사단으로 조직할 계획을 가지고 있는 것"으로 분석하였다.[13] 국민방위군이 해체된 뒤에도 한국정부가 미국을 상대로 한국 육군 보병사단의 증강을 계속 주장하고, 또 단독으로 북진을 하겠다고 주장할 수 있는 배경이 되었던 것도 바로 이러한 이유이다.

넷째, 국민방위군 편성과 교육대 전체 숫자 및 마지막 교육대 명칭을 확인할 수 있었다. 국민방위군은 국민방위군사령부와 교육대, 국민방위군 사단과 연대, 그리고 이를 감독하는 국민방위국이 있었음을 새롭게 확인할 수 있었다. 국민방위군사령부는 기존 사단급 이상 부대와 마찬가지로 일반참모부와 특별참모부가 있어 업무를 관장하였다. 국민방위군사령부 예하(隷下)에는 국민방위군 사단이 있었는데, '4' 자가 들어간 제4사단을 제외한 제1사단부터 제11사단까지 10개 사단이 편성되었음은 물론이고 사단장에 대한 임명도 육군본부 특별명령철을 통해 확인되었다.

또 제2국민병을 수용하고 교육했던 교육대의 전체 숫자와 부대서열에 관해서는 정확한 기록이 없었는데, 국방부와 육군본부의 명령철과 전시 생산된 문건을 통해 이를 확인할 수 있었다. 국민방위군 교육대도 전체 52개 교육대라는 것과 부대명칭에 있어서도 정규군에서 기피하고 있는 '4' 자를 부대명칭에서 제외하고 있다는

13) 국방군사연구소, 『The US Department of State Relating to the Internal Affairs of Korea』 제56권, 1999, p.578 ; James F. Schnabel, *United States Army in the Korean War, Policy and Direction: The First Year*, 1972, p.394.

사실도 밝혀냈다. 즉 현재 판단할 수 있는 교육대의 명칭은 제1교육대에서 제58교육대까지와 제67교육대까지 두 가지 방안을 고려할 수 있으나, 여러 가지 정황을 고려해 볼 때, 제67교육대가 마지막 교육대인 것 같다. 또한 국민방위군 52교육대 중 31개 교육대를 확인함은 물론, 교육대의 지역별 분포 면에서 경상도 지역에 51개, 그리고 제주도 지역에 1개를 포함하여 52개가 있다는 사실을 확인한 것도 커다란 성과이었다.[14]

다섯째, 국민방위군은 청년방위대와 대한청년단을 기간으로 하여 창설된 군사조직체라는 사실을 확인할 수 있었다. 이전에는 대한청년단이 국민방위군 편성에서부터 운영에 이르기까지 모든 것을 도맡아 온 것으로 알고 있었는데, 사실은 대한청년단과 청년방위대는 한 뿌리로서 국민방위군 창설에 다 같이 기여하였다는 사실이다. 그중에서도 국민방위군을 조직하고 편성하는 데 있어서 청년방위대의 역할이 더 컸다. 이는 청년방위대의 조직이 군사조직체의 성격을 가지고 있었고, 또 새로 창설되는 국민방위군도 군사조직체의 성격을 띠고 있었기 때문에 청년단체라는 민간인 조직을 지닌 대한청년단보다 청년방위대가 국민방위군 창설에 더 많은 기여를 할 수밖에 없었다. 이는 김윤근의 준장 진급과 관련된 것으로, 김윤근을 청년방위대 사령관으로 임명하기 위해서 민간인 출신인 김윤근에게 장군 계급장을 부여했던 것이다.

여섯째, 국민방위군 소집인원과 사망인원을 확인할 수 있었다.

14) 기존 51개 교육대설은 제주도를 제외한 경상도 지역에 있는 교육대를 지칭했을 가능성이 크다. 그러나 제주도의 국민방위군 교육대의 실체는 본문에서 이미 밝힌 바 있다. 『동아일보』 1951. 4. 4.

지금까지 국민방위군으로 소집된 인원과 사망자 수를 놓고 당시 헌병수사를 비롯하여 국회속기록, 그리고 국방부와 육군본부 발간 책자별로 기록상의 차이를 보이고 있었다. 실제로 위의 기록들은 헌병 수사 및 국회 조사 당시의 현황으로 정확하지 못한 것이 사실이었다. 그러나 본 연구를 통해 1951년 7월 31일 국방부 보도과가 최종 발표한 자료를 확인함으로써 이 문제는 해결되었다. 즉 군 보도과에서는 1951년 7월 31일 동아일보를 통해 소집·동원된 제2국민병 총수는 680,350명, 전체 사망자는 1,234명, 행려사망자(行旅死亡者) 수는 불명(不明), 그리고 52개 교육대에 수용된 인원은 298,142명이라고 밝혔다.

일곱째, 호국군·청년방위대·국민방위군의 조직과 편성은 약간의 차이가 있을지 몰라도 대체로 그 이전의 제도를 대부분 수용하여 운용했다는 것이다. 정부에서는 이들 조직을 창설할 때에는 반드시 육군본부에는 이를 감독할 국(局)을 설치해 운용했고, 간부를 양성하기 위해 사관학교를 설치해 운영했음이 밝혀졌다. 즉 정부수립 이후 국방부는 국민방위국과 유사한 성격의 특별참모부를 예비군 및 모병 및 준군사기구 창설 시마다 육군본부에 설치하여 운영하였다. 예를 들면, 대한민국 최초의 예비군인 호국군을 창설한 뒤에는 호군국(護軍局)을, 병사구사령부를 설치한 뒤에는 교도국(敎導局)을, 청년방위대를 창설한 뒤에는 청년방위국(青年防衛局)을, 그리고 국민방위군을 창설한 뒤에는 국민방위국(國民防衛局)을 설치하여 운영하였다.

또한 호국군 창설 후에는 호국군사관학교를, 청년방위대 창설 후에는 청년방위대간부훈련학교를, 그리고 국민방위군 창설 후에는 국민방위군사관학교를, 예비 제5군단 창설 후에는 예비사관학교를 설치하여 운영하였다.

여덟째, 국민방위군으로 임명된 고급장교들 대부분이 호국군, 병사구사령부, 청년방위대에 직접 참여했다는 사실이다. 이러한 점에서 이들의 경험을 활용하기 위한 군의 조치가 아니었는가 싶다. 국민방위군 10개 사단 중 이에 해당되는 장교는 절반이 넘는 7명이나 된다. 국민방위군 제3사단장 권준 대령은 병사구사령관과 호국군 여단장을, 제5사단장 김관오 대령은 호국군 여단장을, 제6사단장 박시창 대령은 병사구사령관과 대한청년단 본부 훈련지도관을, 제7사단장 김정호(육군준장 예편) 대령은 병사구사령관과 호국군여단장 및 청년방위대 훈련지도관을, 제8사단장 유승열(육군소장 예편) 대령은 병사구사령관과 호국군여단장을, 제9사단장 장석륜 대령은 병사구사령관을, 그리고 제10사단장 오광선 대령은 병사구사령관과 호국군여단장 및 청년방위대 훈련지도관을 역임하였다. 이들 장교 대부분은 일본 육군사관학교 출신이거나 광복군 고급 장교 출신들이라는 공통점도 지니고 있다.

아홉째, 부대 사단급에 해당하는 청년방위대의 방위단에 현역 소령～대령급 장교를 훈련지도관으로 파견하였다는 사실이다. 청년방위대는 1950년 5월 5일 육군본부 직할로 17개단과 3개 독립단 등 사단급에 해당하는 20개 청년방위단(青年防衛團)을 창설하고 이들을 지도하기 위해 소령～대령급으로 편성된 훈련지도관을 편성하여 파견하였다. 이들 훈련지도관으로는 김완룡(金完龍 · 육군소장 예편) 대령(제1단), 김정호(육군준장 예편) 대령(제2단), 백홍석(白洪錫 · 육군소장 예편) 대령(제3단), 이치업(李致業 · 육군준장 예편)

대령(제4단), 장흥(張興 · 육군소장 예편) 대령(제5단), 권용성 소령(제6단), 전봉덕 소령(제7단), 신구현 소령(제8단), 오광선(육군준장 예편) 대령(제9단), 이기우 소령(제10단), 신철 소령(제11단), 이용선 소령(제12단), 이두황 중령(제13단), 이동철 중령(제14단), 이용문 대령(제15단), 최우장 소령(제16단), 김우윤 소령(제17단), 박영호 중령(독립제1단), 이익영 소령(독립제2단), 전제선 소령(독립제3단) 등이었다.

열째, 국민방위군 사건(國民防衛軍事件, National Defense Corps Scandal)은 단순한 경리부정사건이 아니었다. 국민방위군 사건은 국민방위군을 창설하고 운영하는 과정에서 정부의 무계획성과 준비부족, 빈한한 국력, 국민방위군의 부실경영과 간부들의 횡령, 그리고 무엇보다도 중요한 전선 상황의 악화 등이 복합적으로 작용하여 얽히고설킨 상태에서 발생한 국가 차원의 불행한 사건이었다.[15] 당시 정부나 군이 국민방위군을 설치함에 있어서 범한 과오는 정부 차원의 좀 더 치밀한 계획과 준비를 하지 못했다는 것이다. 이러한 점은 바로 시행단계에서부터 문제로 대두되었다.

즉 정부는 국민방위군의 운영을 군대 경험이 없는 대한청년단과 청년방위대 간부들에게 일임하였고, 또 제2국민병들을 이동시키는 과정에서 무리하게 진행된 장거리 강행군, 예년에 보기 드문 강추위, 수용시설 준비 부족, 그리고 막대한 인력을 동원하면서 충분한 양식과 방한피복을 준비하지 못함으로써 발생하였던 것이다.

15) 김세중, 「국민방위군 사건」, p.108. 제2대 국회의원인 조주영 국회발언에서 국민방위병 참상은, "전쟁이 낳은 일대 비극이고, 우리의 국력이 부족한 데서 비롯된 불행"이라고 규정하였다.

2. 국민방위군에 대한 재조명

국민방위군설치법을 통해 일부 확인된 국민방위군에 대한 창설 배경 및 동기, 목적, 그리고 의의를 분석·평가함으로써 국민방위군을 재조명할 수 있는 계기가 되었다. 이는 다음의 몇 가지로 요약하여 정리할 수 있다.

첫째, 국민방위군 창설의 배경 및 동기이다. 국민방위군 창설은 당시 착잡한 국제정세와 국내전국의 추이에 따라 어떠한 경우에도 대처할 수 있는 만반의 태세를 확립하는 동시에 전력의 근본적 요소인 인적자원을 최대한으로 확보하여 철저한 군사훈련을 실시함으로써 확고부동한 방위태세를 확립하고, 차기 공세 이전에 대비하고, 전쟁 초기 청장년들을 무질서하게 방치함으로써 북한군에 의하여 농단(壟斷)된 것을 미연에 방지하고, 그리고 장정의 신변을 보호하여 안전한 지역에 소개하기 위해서였다.[16]

한국정부는 전쟁 초기 인력동원 및 병력확보 면에서 많은 어려움을 겪었다. 이는 남한 내 장정들을 효과적으로 소개(疏開)하거나 보호하지 못하였기 때문이다. 그 결과 전쟁 초기 막대한 병력손실 앞에서 정부와 군은 고육지책(苦肉之策)으로 가두모집과 가택수색에 의한 징집, 그리고 소년지원병, 학도의용군, 대한청년단원, 청년방위대원 등을 동원하여 전선에 투입하는 비정상적인 동원 방법에 의존하였다.

이는 국군의 적시적인 전선 수요에 크게 도움을 주지 못했다. 이

16) 『경향신문』, 1951. 12. 22.

처럼 전쟁 초기 인력확보 정책에 실패한 경험을 가졌던 한국정부는 북진(北進) 단계에서 예기치 않은 중공군의 개입과 이로 인해 국군과 유엔군의 철수라는 최악의 상황 속에서 국민방위군을 창설할 수밖에 없었다.

둘째, 국민방위군의 창설 목적이다. 6·25전쟁에서 '제2의 국난'을 맞이한 정부가 이의 타개책으로 국민개병의 정신을 앙양시키는 동시에 전시(戰時) 또는 사변(事變)에 있어서 병력동원의 신속을 기하기 위해 제2국민병을 대상으로 국민방위군을 창설하게 되었다. 이는 국민방위군설치법에서 밝히고 있는 일반론적인 목적이고, 보다 근본적인 목적은 대한청년단과 청년방위대, 그리고 당시 전력원이면서 유휴전력으로 남아 있는 제2국민병을 한꺼번에 묶어서 동원하는 작업이었다. 정부에서는 국민방위군을 통해 대한청년단과 청년방위대, 그리고 제2국민병을 수용할 새로운 군사조직체로 국민방위군을 고려하였던 것이다. 그렇게 함으로써 정부에서는 국민방위군을 통해 이들 단체와 제2국민병을 통제범위에 넣을 수 있을 뿐만 아니라 국회를 통한 정상적인 예산 확보도 가능했기 때문이다.

셋째, 국민방위군이 함의(含意)하고 있는 의의(意義)이다. 국민방위군은 중공군 개입 이후 전황이 국군 및 유엔군에게 절대 불리한 상황하에서 한국정부의 명백한 목적과 의도, 그리고 국민의 대표기관인 국회의 사전 검토와 동의를 얻은 뒤 창설되었다. 따라서 명칭도 정규군을 제외한 전(全) 국민을 포함한 만 17세부터 40세의 남자가 총칭하듯, 국민방위군이 주는 '국민'이라는 용어는 기존의 청년방위대에서 사용되는 '청년'의 한계를 뛰어넘는 범국민적 개념이었다. 이는 바로 헌법에 명시된 국민개병주의 정신을 반영한 것이다.[17] 그 당시 전쟁 수행 주체로는 육·해·공군과 경찰 등을 포함한 정규 병력이 있었고, 이 밖에 정규군을 지원하는 학도의용군과 청년단체 및 자생 유격부대 등이 있었다. 따라서 국민방위군은 전쟁 중 싸울 수 있는 국민들을 최대한 동원시킨 국민총력전 체제의 돌입을 의미했다. 따라서 국민방위군은 국민총력전이라는 데에서 그 의의를 찾아야 할 것이다.

3. 국민방위군 사건에 대한 교훈

국민방위군 사건을 통해 얻을 수 있는 교훈이다. 국민방위군 사건은 많은 인적자원을 고갈시켜 전투력을 약화시켰을 뿐만 아니라 국민들이 정부를 불신하게 만든 사건으로서 본 사건의 분석을 통해 다음과 같은 교훈을 도출할 수 있을 것이다.

첫째, 국민방위군의 간부요원을 제대로 선발하지 못했다. 거대한 조직인 국민방위군을 창설함에 있어서 사령관이나 부사령관 등 핵심 간부들을 능력이 있고, 청렴하고, 그리고 군인정신이 투철한 현역 장성(將星) 중에서 엄선하여야 하는데, 군 경험이 전혀 없는 대한청년단장이자 청년방위대사령관인 김윤근을 비롯하여 대부분의 간부들이 민간인 출신이거나 방위장교들이라는 점이다.

둘째, 철저한 준비 없이 실시하였다. 제2국민병 약 68만 명을 소집 및 훈련시키려면 우선 먹고, 자고, 입을 수 있는 충분한 수용

---

17) 국방부, 『국방부사』 제1집, p.167.

준비가 되어 있어야 하나, 국민방위군 창설 시에는 그러한 준비가 전혀 되어 있지 않았다. 준비 소홀로 인해 국민방위군들은 교육대에 입소하고서도 많은 고통을 당하였다.

셋째, 상급기관의 철저한 감독이 부족했다. 물론 여기에는 감독기관인 국민방위국이 설치되도록 조치가 이루어졌으나 국민방위국의 인원이 충원되기도 전에 국민방위군 사건이 발생함으로써 유명무실해지게 되었다. 그렇더라도 68만 명에 달하는 대병력을 입소·훈련시키기 위해서는 사전에 많은 예산을 확보하고 시설과 장비의 준비상태를 철저히 감독하지 못함으로써 국민방위군 사건을 맞이하게 되었다.

넷째, 전시하(戰時下)이면서도 엄정한 군기가 유지되지 못하였다. 국민방위군 교육대 내에서 입소한 장정들이 훈련을 받지 못하는 것은 물론 먹거나 입지 못하여 영양실조로 죽거나 동상을 입은 것은 군 기강이 극도로 해이해졌다는 것을 입증하고 있는 대표적 사례이다. 이 사건은 국민방위군이 엄정한 군기만 유지되었더라도 사건을 미연에 방지하거나 조기에 수습하여 피해가 크지 않았을 것이라는 아쉬움을 남겼다.

다섯째, 국민방위군은 국민방위군 사건으로 국민의 불신을 받아 해체되고, 그 임무를 예비 제5군단에 인계했다는 점에서 실패한 것으로 평가할 수 있겠다. 또 국민방위군으로 소집된 장정과 이의 피해자에 대한 조치에도 적극적이지 못했다. 정부에서는 피해자에 대한 명예회복 차원에서 전후 보다 충분한 시간을 갖고 이들에 대한 기록을 유지·관리하여야 함에도 불구하고 그렇지 못했다. 비록 군 공식발표에 의해 국민방위군으로 소집되어 희생된 자가 1,234명으로 최종 발표되었다 하더라도, 이에 대해서는 보다 전향적이고 적극적인 자세로 임할 필요성이 있었다.

따라서 앞으로 국민방위군으로 소집된 장정 및 피해자들에 대해서는 좀 더 심층 있는 자료 수집과 연구가 계속 병행되어야 할 것으로 사료된다.

4. 국민방위군을 비롯한 예비전력의 국방사적 의의

국민방위군은 국가가 가장 위급한 시기에 창설되어 예비 병력이 없던 일천한 국방제도 및 조직에 발전적 기틀을 놓았다. 비록 국민방위군 사건으로 국민방위군이 소기의 목적을 얻지 못하고 중도에 해체되었지만, 국민방위군이 군의 제도와 조직에 미친 사실을 간과(看過)해서는 안 될 것이다.

국군과 유엔군 철수 시 장정들을 집단으로 남하시켜 수용・보호함으로써 전쟁 초기 인력관리의 실패를 교훈 삼아 운영상의 많은 미비점을 남겼지만, 그래도 짧은 시간에 68만 명에 달하는 장정들에 대한 정부 차원의 소개 및 보호 조치는 당시 상황에서는 어쩔 수 없이 실시해야 할 불가피한 조치가 아닐 수 없었다.

또한 국민방위군의 창설은 6・25전쟁에서 국민총력전 체제로의 돌입을 의미했다. 특히 전선 상황의 악화와 국가재원이 빈약했던 당시 한국정부의 입장에서 국민방위군의 창설은 한국정부의 어려운 상황에서 살아남기 위한 생존전략의 일환으로도 보아야 할 것이다.

특히 국민방위군은 국군의 제도사 및 조직사 측면에서 볼 때, 호국군과 청년방위대의 조직과 편성 그리고 인력을 통합 · 운영하여 발전시켰고, 국민방위군 해체 이후에는 예비 제5군단과 민병대를 거쳐 오늘날 대한민국 예비군으로 연결시키는 가교 역할뿐만 아니라 그 뿌리가 되는 근간 역할을 충실히 하였다.

이러한 점에서 대한민국 정부가 수립된 후 국내외적으로 어려운 안보환경, 즉 주한미군 철수와 6 · 25전쟁이라는 국가적 안보위기 속에서 창설된 호국군과 청년방위대, 그리고 국민방위군은 조직 운영상의 미비와 혼란에도 불구하고 대한민국 예비전력의 공고화와 함께 국방제도사의 발전에 커다란 일획(一劃)을 그었다는 점에서 그 의의를 찾을 수 있을 것이다.

부 록

1. 국방 조직 및 편성에 관한 법령

- ☐ 대한민국 제헌 헌법(1948. 7. 17)
- ☐ 정부조직법(법률 제1호, 1948. 7. 17)
- ☐ 국방부 훈령 제1호(1948. 8. 16)
- ☐ 국군조직법(법률 제9호, 1948. 11. 30)
- ☐ 국방부 직제령(대통령령 제37호, 1948. 12. 7)

2. 병역 및 국민방위군 관련 법령、규정、판결문

- ☐ 병역임시조치령(대통령령 제52호, 1949. 1. 20)
- ☐ 해병대령(대통령령 제80호, 1949. 5. 5)
- ☐ 병역법(법률 제41호, 1949. 8. 6)
- ☐ 병역법 시행령(대통령령 제281호, 1950. 2. 1)
- ☐ 국민방위군설치법(법률 제172호, 1950. 12. 21)
- ☐ 국민방위국 창설에 관한 국방부 일반명령 제6호(1951. 1. 10)
- ☐ 국민방위국 해체 및 예비사단 창설 관련 육본일반명령 제51호(1951. 5. 2)
- ☐ 국민방위군 사건 제2차 판결문(1951. 7. 19)
- ☐ 국민방위군 재산정리위원회 해체 관련 육본일반명령 제103호(1952. 6. 5)

3. 국민방위군 편성 및 간부 현황

- ☐ 국민방위군사령부 지휘부 및 참모부 편성과 간부 현황
- ☐ 국민방위국장 현황
- ☐ 국민방위사관학교장 현황
- ☐ 국민방위군 사단 및 연대 편성
- ☐ 국민방위군 교육대 편성

4. 국민방위군 연표

1. 국방 조직 및 편성에 관한 법령

□ 대한민국 제헌 헌법(1948. 7. 17)

전문

유구한 역사와 전통에 빛나는 우리들 대한민국은 기미 3·1운동으로 대한민국을 건립하여 세계에 선포한 위대한 독립정신을 계승하여 이제 민주독립국가를 재건함에 있어서 정의인도와 동포애로써 민족의 단결을 공고히 하며 모든 사회적 폐습을 타파하고 민주주의 제(諸) 제도를 수립하여 정치, 경제, 사회, 문화의 모든 영역에 있어서 각인의 기회를 균등히 하고 능력을 최고도로 발휘케 하며 개인의 책임과 의무를 완수케 하여 안으로는 국민생활의 균등한 향상을 기하고 밖으로는 항구적인 국제평화의 유지에 노력하여 우리들과 우리들의 자손의 안전과 자유와 행복을 영원히 확보할 것을 결의하고 우리들의 정당 또는 자유로이 선택된 대표로써 구성된 국회에서 단기 4281년 7월 12일이 헌법을 제정한다.

단기 4281년 7월 17일

대한민국 국회의장 이 승 만

제1장 총강

제1조 대한민국은 민주공화국이다.

제2조 대한민국의 주권은 국민에게 있고 모든 권력은 국민으로부터 나온다.

제3조 대한민국의 국민되는 여건은 법률로써 정한다.

제4조 대한민국의 영토는 한반도와 그 부속도서로 한다.

제5조 대한민국은 정치, 경제, 사회, 문화의 모든 영역에 있어서 각인의 자유, 평등과 창의를 존중하고 보장하며 공공복리의 향상을 위하여 이를 보호하고 조정하는 의무를 진다.

제6조 대한민국은 모든 침략적인 전쟁을 부인한다. 국군은 국토방위의 신성한 의무를 완수함을 사명으로 한다.

제7조 비준 공포된 국제조약과 일반적으로 승인된 국제법규는 국내법과 동일한 효력을 가진다. 외국인의 법적지위는 국제법과 국제조약의 범위 내에서 보장된다.

제2장 국민의 권리의무(제8조~제30조)

제30조 모든 국민은 법률이 정하는 바에 의하여 국토방위의 의무를 진다.

제3장 국회(제31조~50조)

제42조 국회는 국제조직에 관한 조약, 상호원조에 관한 조약, 강화조약, 통상조약, 국가 또는 국민에게 재정적 부담을 지우는 조약, 입법사항에 관한 조약의 비준과 선전포고에 대하여 동의권을 가진다.

제4장 정 부(제51조~75조)

제1절 대통령(제51조~제67조)

제51조 대통령은 행정권의 수반이며 외국에 대하여 국가를 대표한다.

제53조 대통령과 부통령은 국회에서 무기명 투표로써 각각 선거한다. (중략) 대통령과 부통령은 국무총리 또는 국회의원을 겸하지 못한다.

제54조 대통령은 취임에 제하여 국회에서 좌의 선서를 행한다. "나는 국헌을 준수하며 국민의 복리를 증진하며 국가를 보위하여 대통령의 직무를 성실히 수행할 것을 국민에게 엄숙히 선서한다."

제59조 대통령은 조약을 체결하고 비준하며 선전포고와 강화를 행하고 외교사절을 신임 접수한다.

제61조 대통령은 국군을 통수한다. 국군의 조직과 편성은 법률로써 정한다.

제64조 대통령은 법률에 정하는 바에 의하여 계엄을 선포한다.

제2절 국무원(제68조~제72조)

제68조 국무원은 대통령과 국무총리 기타의 국무위원으로 조직되는 합의체로서 대통령의 권한에 속한 중요국책을 결정한다.

제69조 국무총리는 대통령이 임명하고 국회의 승인을 얻어야 한다. 국회의원 선거후 신국회가 개회되었을 때에는 국무총리 임명에 대한 승인을 다시 얻어야 한다. 국무위원의 총

수는 국무총리를 합하여 8인 이상 15인 이내로 한다.

제70조 대통령은 국무회의의 의장이 된다. 국무총리는 대통령을 보좌하며 국무회의 부의장이 된다.

제72조 다음의 사항은 국무회의 의결을 경하여야 한다.

1. 국정의 기본적 계획과 정책
2. 조약안, 선전, 강화 기타 필요한 대외정책에 대한 사항
3. 헌법개정안, 법률안, 대통령령안
4. 예산안, 결산안, 재정상의 긴급처분안, 예비비 지출에 관한 사항
5. 임시국회의 집회요구에 관한 사항
6. 계엄안, 해산안
7. 군사에 관한 중요사항
8. 영예수여, 사면, 복권에 관한 사항
9. 행정각부 간의 연락사항과 권한의 획정
10. 정부에 제출 또는 회부된 청원의 심사
11. 대법관, 검찰총장, 심계원장, 국립대학총장, 대사, 공사, 국군총사령관(國軍總司令官), 국군참모총장(國軍參謀總長), 기타 법률에 의하여 지정된 공무원과 중요국영기업체의 관리자의 임면에 관한 사항
12. 행정 각 부의 중요한 정책의 수립과 운영에 관한 사항
13. 기타 국무총리 또는 국무위원이 제출하는 사항

제5장 법 원(제76조~83조)

제6장 경 제(제84조~89조)

제88조 국방상 또는 국민생활상 긴절(緊切)한 필요에 의하여 사영기업을 국유 또는 공유로 이전하거나 또는 그 경영을 통제, 관리함은 법률의 정하는 바에 의하여 행한다.

제7장 재 정(제90조~95조)

제8장 지방자치(제96조~97조)

제9장 헌법개정(제98조)

제10장 부 칙(제99조~103조)

제99조 이 헌법은 이 헌법을 제정한 국회의 의장이 공포한 날로부터 시행한다. 단 법률의 제정이 없이는 실현될 수 없는 규정은 그 법률이 시행되는 때부터 시행한다.

제101조 이 헌법을 제정한 국회는 단기 4278년 8월 15일 이전의 악질적인 반민족행위를 처벌하는 특별법을 제정할 수 있다.

제102조 이 헌법을 제정한 국회는 이 헌법에 의한 국회로서의 권한을 행하며 그 의원의 임기는 국회개회일로부터 2년으로 한다.

제103조 이 헌법 시행 시에 재직하고 있는 공무원은 이 헌법에

의하여 선거 또는 임명된 자가 그 직무를 계승할 때까지 계속하여 직무를 행한다.

대한민국 국회의장은 대한민국 국회에서 제정된 대한민국 헌법을 이에 공포한다.

단기 4281년 7월 17일

대한민국 국회의장 이 승 만

□ 정부조직법(법률 제1호, 1948. 7. 17)

제1장 총칙(제1조~제7조)

제1조 본 법은 정부의 행정조직의 대강을 정하여 통일적이고 체계 있는 국무수행을 기함을 목적으로 한다.

제2조 대통령은 행정권의 수반으로서 법령에 의하여 모든 행정기관을 통할하고 국무총리 · 행정각부장관 · 지방행정의 장의 명령이나 처분이 위법 혹은 부당하다고 인(認)할 때에는 그것을 중지 또는 취소할 수 있다.

제3조 행정기관의 종류와 명칭은 원(院) · 부(部) · 처(處) · 청(廳) 또는 위원회로 하고 그 보조기관의 종류와 명칭은 비서실(秘書室) · 국(局) · 과(課)로 한다.

제2장 국무원과 국무총리(제8조~제13조)

제9조 국무총리는 대통령의 명을 승(承)하여 행정각부장관을 통리하며 행정각부장관의 명령이나 처분이 위법 혹은 부당하다고 인할 때에는 대통령에게 청하여 이것을 중지 또는 취소할 수 있다.

제3장 행정각부총리(제14조~제29조)

제14조 정부에 다음의 행정각부를 두고 부에 장관 1인을 둔다.

1. 내무부
2. 외무부
3. 국방부
4. 재무부
5. 법무부
6. 문교부
7. 농림부
8. 상공부
9. 사회부
10. 교통부
11. 체신부

제17조 국방부장관은 육 · 해 · 공군의 군정을 장리(掌理)한다.

제26조 행정각부장관은 소속직원을 지휘 · 감독하며 소관사무에 대하여 지방행정의 장을 지휘 감독한다.

제27조 행정각부에 차관 1인을 둔다. 차관은 장관의 명을 승하여

부내사무를 총할하며 장관이 사고가 있을 때에는 그 직무를 대리한다.

제4장 국무총리 소속기관(제30조~제35조)

제30조 국무총리 소속하에 총무처 · 공보처 · 법제처와 기획처를 두고 처에 처장 1인을 둔다. 단 필요에 의하여 차장 1인을 둘 수 있다. 각 처장은 소속 사무를 총할하며 소속직원을 지휘 감독한다.

제5장 고시위원회(제36조~제39조)

제36조 고시위원회는 대통령 소속하에 공무원 자격의 고시와 전형을 행한다.

제6장 감찰위원회(제40조~제47조)

제40조 감찰위원회는 대통령 소속하에 공무원에 대한 감찰사무를 장리한다. 전항의 공무원 중에는 국회의원과 법관을 포함하지 아니한다.

부칙(제48조~제49조)

제48조 본 법은 국회의장이 공포한 날로부터 시행한다.

제49조 본 법 시행 시에 현존하는 행정기관의 인수에 관한 사항은 대통령령으로 정한다.

대한민국 국회의장은 대한민국 국회에서 제정된 대한민국 정부 조직법을 이에 공포한다.

단기 4281년 7월 17일

대한민국 국회의장 이 승 만

□ 국방부 훈령 제1호(1948. 8. 16)

"본관이 금번 대한민국 정부 수립과 아울러 대통령령에 의하여 국방부장관을 겸직하게 되었다. 이에 책임의 지중지대함을 실감하면서 군정초부터 국군 건립을 목표로 묵묵히 분투하여 온 전 장병이 국가와 민족의 요청에 보답하고자 하는 보국지성을 위하여 천지신명의 가호를 기원하여 마지않는 바이다.

취임 초에 예하부대 및 학교실정을 파악함에는 시일을 상수(尙需)하는 바이다. 오직 국군건설에 정신하는 장병 제군의 동심육력(同心戮力)을 확신하고 아래 조목(條目)을 훈령하니 철저히 준수, 실천해 줄 것을 요망하는 바이다.

1. 금일부터 육·해군 각급 장병은 대한민국의 국방군으로 편성되는 영예를 획득하게 되었다. 이에 장병 제군은 오직 근면, 진충, 보국의 정신으로 새로운 국방군으로서 필요로 하는 시간을 엄수하며, 직책에 극진하고, 군기를 엄수하며 친애 협동하는 국군의 미덕을 발휘한다.
2. 미군정이 결말(結末)되고 신정부가 수립되는 현 전환기를 맞이하여 확고한 정신으로 유언비어에 현혹되거나 당황하지 말

고 더욱 직책에 근면, 충실하라.

3. 국가가 새로 탄생한 때인 만큼 쇄신한 정신으로 생기발랄한 청년 국군을 편성하는 동시에 강력한 통제력과 예민한 협동력으로 정성, 단결하여 화평, 친절히 전국민의 애호를 받을 수 있도록 노력하여야 할 것이며, 또 전국민을 생명을 바쳐 애호하라."

□ 국군조직법(법률 제9호, 1948. 11. 30)

제1장 총칙(제1조~제4조)

제1조 본 법은 육·해군을 포함한 국방기관의 설치조직과 편성의 대강을 정하여 군정, 군령의 유기적이고 체계 있는 국방기능의 수행을 목적으로 한다.

제2조 국군은 육군과 해군으로써 조직한다. 대한민국의 국적을 가진 자는 법률이 정하는 바에 의하여 국군에 복무할 의무가 있다.

제3조 대통령은 국군의 최고통수자(最高統帥者)이며 대한민국 헌법과 법률에 의하여 국군통수상 필요한 명령을 발할 권한이 있다.

제4조 대통령의 유악(帷幄)하에 아래의 기관을 두며 그 직제는 따로 법률로 정한다.

가. 최고국방위원회와 그 소속 중앙정보국

나. 국방자원관리위원회

다. 군사참의원

제2장 국방부(제5조～제11조)

제5조 국방부장관은 군정을 장리하는 외에 군령에 관하여 대통령이 부여하는 직무를 수행한다.

제6조 국방부차관은 국방부장관을 보좌하며 국방부장관이 사고가 있을 때에는 그 직무를 대리한다.

제7조 국방부에 참모총장과 참모차장을 두고 그 밑에 육군본부와 해군본부를 두며 필요에 의하여 기타의 보조 또는 자문기관을 둘 수 있다. 육군본부와 해군본부의 직제와 기타 필요한 기관의 설치 및 사무범위는 따로 대통령령으로 정한다.

제8조 참모총장과 참모차장은 국군 현역 장교 중에서 국무회의의 의결을 거쳐서 대통령이 임면한다. 참모총장은 국군의 현역 최고 장교이다.

제9조 참모총장은 대통령 또는 국방부장관의 지시를 받아 국방 및 용병 등에 관하여 육해군을 지휘통할하며 일체의 군정에 관하여 국방부장관을 보좌한다. 참모차장은 참모총장을 보좌하며 참모총장이 사고가 있을 때에는 그 직무를 대리한다.

제10조 육군본부에 육군총참모장, 해군본부에 해군총참모장을 두며 이는 참모총장의 건의에 의하여 국무회의 의결을 거쳐 대통령이 임면한다.

제11조 육군총참모장은 참모총장의 명을 받아 육군본부를 통리하며 예하 육군 관아(官衙) 학교와 부대를 지휘감독한다.
해군총참모장은 참모총장의 명을 받아 해군본부를 통리하며 예하 해군 관아(官衙) 학교와 부대를 지휘감독한다.

제3장 육 군(제12조~제13조)

제12조 육군은 정규군과 호국군(護國軍)으로써 조직한다.
육군정규군이라 함은 평시, 전시를 막론하고 법률에 의하여 항시 존재하는 상비군을 말한다. 육군의 병종은 보병, 기병(騎兵), 포병, 공병, 기갑병, 항공병, 통신병과 헌병 등으로써 구성한다. 육군에 참모, 부관, 감찰, 법무, 경리, 군의와 병기 기타의 부문을 둔다.
육군호국군이라 함은 법률에 의하여 일정한 군사훈련을 받은 자와 기타로써 조직하는 예비군을 말한다. 육군의 조직과 세칙은 대통령령으로 정한다.

제13조 육군에는 평시에 사단과 국방상 대통령이 필요하다고 인정하는 기타 부대를 둔다. 육군은 사단 단위로 편성하며 군사행정과 전략상 목적으로 대한민국을 수개 사단관구로 나눈다. 사단관구의 설치와 사단 및 기타 필요한 부대의 배치편성은 대통령령으로 정한다. 육군호국군의 병력은 육군정규군의 현역 병력에 준한다.

제14조 사단장과 대통령이 정하는 기타 부대장은 참모총장의 건의에 의하여 대통령이 임면하며 소관부대를 통솔한다.

제4장 해 군(제15조~제17조)

第15조 해군은 정규군과 호국군(護國軍)으로써 조직한다.

해군정규군이라 함은 평시, 전시를 막론하고 법률에 의하여 항시 존재하는 상비군을 말한다. 해군은 본과(本科)와 각 부분으로써 구성한다. 각 부분에는 기술, 군의, 경리와 법무 기타를 둔다.

해군호국군이라 함은 법률의 정하는 바에 의하여 상선의 선원, 일정한 군사훈련을 받은 자와 기타로써 조직하는 예비군을 말한다. 해군의 조직과 세칙은 대통령령으로 정한다.

第16조 해군에는 평시에 함대, 기타와 국방상 대통령이 필요하다고 인정하는 기타 부대를 둔다. 군사행정과 전략상 목적으로 대한민국 해역을 수개 해군관구로 나눈다. 해군관구의 설치와 함대, 기타 필요한 배치편성은 대통령령으로 정한다. 해군호국군의 병력은 해군정규군의 현역 병력에 준한다.

第17조 함대사령관과 대통령이 정하는 기타 부대장은 참모총장의 건의에 의하여 대통령이 임면하며 소속 함대 또는 부대를 통솔한다.

제5장 군인의 신분(제18조~제20조)

第18조 국군장교는 대통령이 임면한다. 단 장관급 장교의 임면은 국무회의의 의결을 요한다. 장교의 복무연한 기타 신분에 관한 사항 및 사병의 임면 기타 신분에 관한 사항은 대통령령으로 정한다.

제19조 국군에 복무하는 자로서 군인 이외에 군속을 둔다. 군속이라 함은 군에 복무하는 문관을 말하며 그 임면 기타 신분에 관한 사항은 대통령령으로 정한다.

제20조 국군현역과 소집을 당한 군인 및 군속은 군사법령의 적용을 받는다. 군인, 군속에 대한 심판은 원칙적으로 회의에서 행하며 죄와 심판의 수속은 따로 법률로 정한다.

제6장 기 타(제21조)

제21조 교육, 예식, 복제, 급여, 기타 군사행정상 필요한 사항은 대통령령으로 정한다.

제7장 부 칙(제22조~제24조)

제22조 본 법에 의하여 제정하는 대통령령으로서 군사기밀상 필요로 하는 것을 공포하지 아니할 수 있다.

제23조 본 법에 의하여 육군에 속한 항공병은 필요한 때에 독립한 공군으로 조직할 수 있다.

제24조 본 법은 공포한 날로부터 효력을 발생한다.

□ 국방부 직제령(대통령령 제37호, 1948. 12. 7)

제1조 국방부에 국방부본부와 육군본부 및 해군본부를 둔다.

제2조 국방부본부에 비서실, 제1국, 제2국, 제3국, 제4국 및 항공국을 둔다.

제3조 비서실은 기밀사항, 관인의 관수, 문서 기타 부내서무에 관한 사항을 분장한다.

제4조 제1국은 국군의 인사의 통제, 군비에 관련된 제 시설의 통제 — 동원, 병무, 방위, 대외교섭, 원호, 무휼(撫恤) 기타 군사행정에 관한 사항을 분장한다.

제5조 제2국은 군인정신의 함양, 사상선도, 선전 및 보도에 관한 사항을 분장한다.

제6조 제3국은 국군의 군수와 영선의 통제, 재산관리 및 후생에 관한 사항을 분장한다.

제7조 제4국은 조사, 방첩 및 검찰에 관한 사항을 분장한다.

제8조 항공국은 항공대에 관한 행정, 인사의 기본운용 기획, 교육, 기술 및 정비에 관한 사항을 분장한다.

제9조 육군본부에 육군참모부장을 둔다. 참모부장(參謀副長)은 총참모장을 보좌하며 총참모장이 사고가 있을 때에는 그 직무를 대리한다.

제10조 육군본부에 인사국, 정보국, 작전교육국, 군수국, 호군국 및 하기의 각 실을 둔다. 고급부관실, 감찰감실, 법무감실, 헌병감실, 재무감실, 포병감실, 공병감실, 통신감실, 병기감실, 의무감실, 병참감실.

제11조~26조 (생략)

제27조 해군본부에 해군참모부장을 둔다. 참모부장(參謀副長)은 총참모장을 보좌하며 총참모장이 사고가 있을 때에는 그 직무를 대리한다.

제28조 해군본부에 인사교육국, 작전국, 경리국, 함정국, 호군국 및 하기의 각 실을 둔다. 감찰감실, 법무감실, 헌병감실, 의무감실, 병기감실.

제29조~38조 (생략)

제39조 육 · 해군의 협조와 연계의 원활을 기하기 위하여 국방부에 연합참모회의를 둔다. 연합참모회의는 참모총장에 소속하여 육해군의 작전, 용병과 훈련에 관한 중요한 사항을 심의한다.

제40조 연합참모회의는 참모총장을 의장으로 하며 하기(下記)의 인원으로써 구성한다. 참모차장, 육해군총참모장 및 참모부장, 항공국장, 제1국장, 제3국장, 국방부장관이 지명하는 육해군장교.

제41조 연합참모회의의 업무수행의 요령에 관하여는 국방부장관이 정한다.

제42조~제43조 (생략)

부칙

본 법은 공포한 날로부터 시행한다.

2. 병역 및 국민방위군 관련 법령 · 규정 · 판결문

□ 병역임시조치령(대통령령 제52호, 1949. 1. 20)

제1장 총칙(제1조~제4조)

제1조 본령은 병역법을 시행할 때까지 병역제도의 임시조치에 관한 긴급사항을 규정함을 목적으로 한다.

제2조 본령에 의한 국군편입은 지원에 의한 의용병제로서 한다. 지원은 개인으로서의 지원에 한한다.

제3조 본령에 의하여 모집된 병원(兵員)의 병역(兵役)은 다음과 같이 구분한다.

1. 현역
2. 호국병역

제4조 호국병역에 복(服)하는 자는 전시, 사변의 경우 또는 본인의 지원에 의하여 그 일부 또는 전부를 별(別)로 정하는 바에 따라 현역에 편입할 수 있다.

제2장 복역 및 복무(제5조~제9조)

제5조 제3조의 병역구분에 의한 복역연한 및 취역(就役) 구분은 아래와 같다.

1. 현역의 복역 연한은 1년으로 하고 현역병으로 모집된 자와 호국병으로서 현역에 편입된 자가 이에 한한다.

단 호국병으로서의 복무연한과 현역연한은 통산한다.

2. 호국병역의 복무연한은 2년으로 하고 호국병으로 모집된 자가 이에 복한다. 호국병은 자택통근을 원칙으로 한다. 단 특별한 근무와 교육 훈련상 필요한 경우에는 일정한 기간 재영(在營)케 할 수 있다.

3. 호국병역에 있는 장교의 복무연한은 5년, 하사관의 복무연한은 3년으로 하고 그 복무는 각 현역에 있는 장교와 하사관에 준한다.

제6조 국군의 장병은 현역을 선위(先位)로 보충하고 호국병역의 병적 편입을 차위(次位)로 한다.

제7조 국군의 장병은 그 채용된 날로부터 그 소속연대의 병적에 편입한다. 육해군본부 총참모장은 필요에 의하여 국방부장관의 승인을 받아 장병의 병적의 소재를 변경할 수 있다.

제3장 계급 및 임면(제10조~제12조)

제10조 국군간부의 임면은 장교는 대통령이 발령하고 하사관은 연대장 또는 이와 동등 이상의 직속 단대장이 발령한다. 단 호국병역 소속장교의 임시적 임면과 하사관의 임면은 그 편성 책임 연대장이 발령한다.

제11조 국군 소속 병원은 입대일로부터 사령장 없이 이등병을 피명(被命)한 것으로 간주한다.

제12조 호국병역에 있어서 장교 이하의 계급은 현역장교 이하에 준한다. 단 호국병역에 있어서의 계급은 현역에 있어서의

계급과 통용하지 못한다.

제4장 간부의 보충과 병원의 모집(제13조~제38조)

제13조 간부 및 병원은 사상건실, 신체건강, 능력 우수한 자로서 재대(在隊)간 연대책임을 질 만한 확실한 보증인과 추천인이 있는 자 중에서 이를 선발, 채용한다.

제21조 병원(兵員)은 모집 년 1월 1일부터 12월 31일까지의 사이에 만 17세로부터 만 28세에 달하는 자로서 하기의 각호의 1에 해당하는 지원자 중 초모검사에 합격한 자로서 보충한다.

1. 제13조의 요건을 구비한 자.
2. 군사교육을 받은 자.
3. 청년단체 등에 있어서 훈련을 받은 자.

제5장 특 전(제39조~제40조)

제40조 간부 및 병원의 추천자는 보증인이 되며 해 간부 또는 병원(兵員)의 그 재대간(在隊間) 소위(所爲)에 관한 책임을 진다.

제6장 잡 칙(제41조)

부 칙

본령은 공포한 날로부터 시행한다.

본령 시행의 세칙에 관하여는 별(別)로 국방부령의 정하는 바에 의한다.

□ 해병대령(대통령령 제80호, 1949. 5. 5)

제1조 해군에 해병대를 둔다.

제2조 해병대는 해병작전에 의한 육상전투에 임하는 동시에 주둔지역의 경비임무를 수행한다.

제3조 해병대에 사령관을 둔다. 사령관은 해군총참모장에 소속하여 소속부대를 지휘통솔한다.

제4조 해병대의 편성 및 배치는 해군총참모장이 정한다.

제5조 통제부, 경비부 소재지에 있는 해병대는 특별한 규정, 지시 또는 명령이 없는 한 해당 사령장관(司令長官) 또는 사령관의 지휘통솔을 받는다.

제6조 사령관은 해군총참모장의 인가를 얻어 본령에 규정한 이외의 사항에 관하여 해병대 규정을 정할 수 있다.

부 칙

본령은 공포한 날로부터 시행한다.

□ 병역법(법률 제41호, 1949. 8. 6)

제1장 총 칙(제1조~제7조)

제1조 대한민국 국민된 남자는 본 법의 정하는 바에 의하여 병역에 복하는 의무를 진다.

제2조 대한민국 국민된 여자 및 본 법에 정하는 바에 의하여 병

역에 복하지 않은 남자는 지원에 의하여 병역에 복할 수 있다.

제3조 병역은 상비병역, 호국병역, 후비병역, 보충병역 및 국민병역으로 구분한다. 상비병역은 현역 및 예비병역으로, 보충병역은 제1보충병역 및 제2보충병역으로, 국민병역은 제1국민병역 및 제2국민병역으로 각각 구분한다.

제5조 호국병역은 전시, 사변 기타 국방상의 필요 또는 본인의 지원에 의하여 현역에 편입할 수 있다.

제6조 6년 이상의 징역 또는 금고에 처형된 자는 병역에 복할 수 없다.

제7조 지원에 의하여 병적에 편입된 자의 병역에 관하여는 대통령령의 정하는 바에 의한다.

제2장 복 무(제8조~제22조)

제8조 제3조의 병역구분에 의한 복무연한 및 취역 구분은 하기에 의한다.

항	역종(役種)	복무 연한		취역(就役) 구분
		육군	해군	
제1	현역	2년	3년	현역병으로 징집된 자 및 호국병으로 편입된 자가 이에 복무한다. 현역병은 현역 재영 중 재영케 한다.
제2	예비역	6년	5년	현역 또는 호국병역을 필한 자가 이에 복무한다.
제3	후비병역	10년	10년	예비역을 필한 자가 이에 복무한다.
제4	호국병역	2년	3년	실역에 적합한 자로서 호국병으로 징집된 자로서 특별한 명령 외에는 자택에서 기거함을 원칙으로 한다.
제5	제1보충병역	14년	1년	실역에 적합한 자로서 그 연소요(年所要)의 현역 및 호국병역의 병원수(兵員數)를 초과한 자 중 소요의 인원이 이에 복무한다.
제6	제2보충병역	14년, 제1보충병역을 필한 자는 13년	·	실역에 적합한 자로서 현역, 호국병역 또는 제1보충병역에 징집되지 아니한 자와 해군의 제1보충병역을 필한 자가 이에 복무한다.
제7	제1국민병역	·	·	후비병역을 필한 자와 군대에서 정규의 교육을 필한 제1 및 제2보충역으로 해 병역을 필한 자가 이에 복한다.
제8	제2국민병역	·	·	상비병역, 호국병역, 후비병역, 보충병역과 제1국민병역에 있지 아니한 연령 만 17세부터 만 40세까지의 남자가 이에 복한다.

제9조 전조 제1 내지 제7조에 규정한 복역은 그 복무연한에 불구하고 연령 만 40세를 한도로 한다, 단 전시, 사변 기타 국방상의 필요에 의하여 연령 만 45세까지 연장할 수 있다.

제13조 현역병으로서 재영 중 다음의 각호에 1에 해당하는 자는 재영기간을 단축할 수 있다.

1. 품행이 단정하고 학술, 근무 외의 성적이 우수한 자
2. 정원에 초과된 자

제18조 하기의 각호의 1에 해당한 때에는 복역기간을 연장할 수 있다.

1. 전시 또는 사변에 임한 때
2. 출사의 준비 또는 수비나 경비상 필요한 때

3. 항해 중 또는 외국 근무 중인 때

4. 중요한 연습 또는 특별한 관병을 거행할 때

5. 천재, 지변 기타 피치 못할 사유로 인하여 부득이할 때

第21조 전 2조의 규정에 의하여 전역하는 자가 복할 병역의 종류와 복역기간은 대통령령의 정하는 바에 의한다.

제3장 징 집(제23조~제57조)

第23조 매년 9월 1일부터 익년 8월 30일까지(징집연도라 칭한다)에 있어서 20세에 달한 남자(징병적합자라 칭한다)는 본법 중 규정이 있는 자 외는 징병검사를 받아야 한다.

第24조 정기의 징병검사에 관하여는 대통령령이 정하는 바에 의한다.

第27조 병원을 징집하기 위하여 징병구(徵兵區)를 설치하고 징병구는 다시 징모구로 구분한다.

第33조 신체검사를 받은 자는 하기와 같이 구분한다.

1. 실역에 적합한 자

2. 국민병역에 적합하나 실역에 적합하지 못한 자

3. 병역에 적합하지 못한 자

4. 병역의 적부를 판결하기 어려운 자

第34조 실역에 적합한 자는 체격등위의 우열에 따라 각 징모구의 배부인원에 응하여 현역병, 호국병 및 제1보충역병의 순서로 이를 징집한다. 실역에 적합한 자로서 현역병, 호국병 및 제1보충역병에 징집되지 않는 자는 이를 제2보

충역병으로 징집한다.

제35조 국민병역에 적합하나 실역에 적합하지 못한 자는 징집하지 아니한다.

제36조 병역에 적합하지 못한 자는 병역을 면제한다.

제37조 병역의 적부를 판결키 어려운 자는 징집을 연기하되 그 적부가 결정될 때까지 매년 징병검사를 행한다.

제40조 요징집자로서 대통령령으로 지정된 학교에 재학하는 자에 대하여는 대통령령의 정하는 바에 의하여 연령 만 26세에 달하기까지 징집을 연기한다.

제41조 외국에 재류하는 자에 대하여는 본인의 지원에 의하여 연령 만 26세에 달하기까지 그 징집을 연기한다.

제49조 현역병과 호국병에 결원이 생(生)한 때에는 복역(服役) 제1보충역 중에서 그 징병순서를 따라 이것을 보결 입영시킬 수 있다.

제54조 징병검사를 받은 자가 연령 37세를 초과할 때에는 징집을 면제한다.

제4장 소 집(제58조~제68조)

제58조 귀휴병, 예비병, 후비병, 보충병 또는 국민병은 전시, 사변 기타 필요에 의하여 소집한다.

제59조 귀휴병은 재영병의 보결 기타의 필요가 있을 때에 소집할 수 있다. 현역 제1년차의 예비병은 병무(근무와 연습 등)의 목적으로 예비역과 후비병역을 통하여 8회 이내

소집할 수 있다.

제61조 호국병은 교육의 목적으로 대통령령의 정하는 바에 의하여 소집한다.

제62조 제1보충병은 교육의 목적으로 120일 이내에 소집할 수 있다.

제65조 귀휴병, 예비병, 후비병 및 보충병은 소집되지 아니한 연도에 한하여 매년 1회, 국민병은 필요에 의하여 간열(簡閱) 소집을 행할 수 있다. 간열소집 1회의 일수는 3일 이내로 한다.

제5장 특 전(제69조~제70조)

제6장 처 벌(제71조~제76조)

제7장 청년의 군사훈련(제77조~제78조)

제77조 청년에 대하여는 병역에 편입될 때까지 대통령령이 정하는 바에 의하여 군사훈련을 실시한다.

제78조 재학 중에 있는 중등학교 이상의 생도 및 학생에 대하여는 대통령령의 정하는 바에 의하여 군사훈련을 실시한다.

제8장 잡 칙(제79조~제81조)

부 칙

본 법은 공포한 날로부터 시행한다.

병역임시조치령에 의하여 국군에 편입된 자는 본 법이 시행될 때에는 본 법의 정한 바에 의하여 그 복역을 율(律)한다.

□ 병역법 시행령(대통령령 제281호, 1950. 2. 1)

제1장 복 역(제1조~제11조)

제1조 육군의 현역병(기휴병을 제외한다) 및 호국병은 이를 소속 부대의 병적에 편입한다. 국방부장관은 필요가 있을 때에는 그 정하는 바에 의하여 징병종결처분을 필하지 아니한 제2국민병(해군에 소집된 자를 제외한다)을 등록지 소재의 병사구의 병적에 편입하여 그 병사구사령관의 관할에 예속시킬 수 있다.

제6조 병역법 제18조의 규정에 의한 복역기간의 연장 및 그 해지는 국방부장관이 수시 이를 정한다.

제7조 호국병, 예비병, 후비병, 보충병 또는 국민병으로서 전시 또는 사변에 임하여 소집된 자가 응소의 일자에 있어서 호국병역, 예비병역, 후비병역, 보충병역 또는 국민병역의 기간을 초과하게 될 때에는 전조에 규정한 국방부장관에 명령 또는 소집해제의 명령이 있을 때까지 그 복역기간을 연장한다.

제2장 징 집(제12조~제61조)

제39조 병역법 제33조의 제2항의 규정에 의한 표준 및 동법 제34조 제1항에 규정하는 체격등위는 하기와 같다.

1. 실역에 적합한 자는 신장 1.50m 이상의 신체건강한

자로 하며 그 체격의 정도에 응하여 이를 갑종(甲種) 및 을종(乙種)으로, 을종은 이를 다시 제1을종 및 제2 을종으로 나눈다.

2. 국민병역에 적합하나 실역에 적합하지 못한 자는 신체가 1.50m 이상의 자로서 신체가 을종의 차위에 있는 자와 신장 1.45m 미만의 자로서 본조 제3호 및 제4호에 해당하지 않는 자로 하고 이를 병종(丙種)으로 한다.
3. 병역에 적합하지 못한 자는 신장 1.45m 미만의 자와 질병 또는 신체난 정신의 이상이 있는 자는 이를 정종(丁種)이라 한다.
4. 병역의 적부를 판결키 어려운 자는 이를 무종(戊種)으로 하며 무종은 신체검사를 받은 해에 있어서는 질병중 또는 기타 사유로 인하여 갑종 또는 을종으로 판정하기 어려우나 다음 해에 이르면 갑종 또는 을종에 합격할 가망이 있다고 인정하는 자이다.

제45조 병역법 제34조 제1항의 규정에 의한 현역병, 호국병 및 제1보충병의 징집에 관하여는 다음 각호에 의한다.

1. 각 징모관에 배부된 현역병, 호국병 및 제1보충병은 갑종 및 을종의 자로 신장 1.60m 이상의 자로부터 이를 징모한다.
2. 현역병, 호국병 및 제1보충병에 징집할 자의 체격 등위의 우열에 의한 징집순서는 갑종, 제1을종, 제2을종의 순으로 한다.

제53조 현역병의 입영과 호국병의 입대는 국방부장관의 정하는

바에 의한다.

제57조 임시로 현역병 또는 호국병에 다수의 결원이 생한 때에는 국방부장관의 정하는 바에 의하여 이를 보충할 수 있다.

제3장 소 집(제62조~제82조)

제62조 소집은 본령 중 따로 규정이 있는 외에는 소집을 받은 자의 등록지 소관의 육군에 있어서는 사단장이, 해군에 있어서는 경비부사령관이 이를 장리한다.

제78조 병사구사령관 또는 경비부사령관은 정기 또는 수시로 지방행정청의 소집사무를 검열하며 또는 부하의 장교로 하여금 이를 검열케 할 수 있다. 도지사, 특별시장, 헌병사령관 및 헌병대장은 관계소집사무를 검열하며 또는 그 부하로 하여금 이를 검열하게 할 수 있다.

제4장 잡 칙(제83조~제94조)

제90조 징병사무가 종료한 때에는 병사구사령관 또는 사단장은 관내징병사무의 상황을 직접 상급의 징병관인 사단장 또는 국방부장관에게 보고하여야 하며 국방부장관은 징병사무 전반의 상황을 대통령에게 보고하여야 한다.

제93조 공군에 관하여는 본령에 특별한 규정이 없는 한 해군에 관한 규정을 준용한다.

제94조 본령의 세칙은 국방부령으로 이를 정한다.

제5장 벌 칙(제95조~제97조)

부 칙

단기 4282년도 징집은 본령에 규정한 각 조의 기일에 의하지 아니할 수 있다.

본령은 공포한 날로부터 시행한다.

□ 국민방위군설치법(법률 제172호, 1950. 12. 21)

제 1 조 본 법은 국민방위군의 설치조직과 편성의 대강을 정하여 국민개병의 정신을 앙양시키는 동시에 전시 또는 사변에 있어서 병력동원의 신속을 기함으로 목적으로 한다.

제 2 조 국민으로서 연령 만 17세 이상 40세 이하의 남자는 지원에 의하여 국민방위군에 편입될 수 있다. 제3조 다음에 각호에 해당하는 자는 국민방위군에 편입할 수 없다.

1. 현역군인, 군속
2. 경찰관, 형무관
3. 병역법 제66조 각호의 1에 해당하는 자
4. 비상시향토방위령에 의한 자위대 대장, 부대장
5. 병역법 제78조에 의하여 군사훈련을 받는 학생, 생도

제 4 조 국민방위군은 지역을 단위로 하여 편성함을 원칙으로 한다. 단, 국방부장관이 정하는 다수인원이 근무하는 관공서, 학교, 회사, 기타 단체에 있어서는 그 단위로 편성할 수

있다.

제 5 조 국민방위군은 육군총참모장의 명에 의하여 군사행동을 하거나 군사훈련을 받는 이외에는 정치운동, 청년운동과 일반치안에 관여할 수 없다.

제 6 조 전시 또는 사변에 제하여 군 작전상 필요한 때에는 병역법의 정하는 바에 의하여 집단적으로 국민방위군을 소집할 수 있다.

제 7 조 국민방위군에 사관을 둔다. 사관은 육군총참모장의 상신에 의하여 국방부장관이 임면한다. 사관의 등급은 육군편성 직위에 준한다.

제 8 조 육군총참모장은 국방부장관의 지원을 받아 국민방위군을 지휘감독한다.

제 9 조 국민방위군 사관 및 사병은 육군총참모장의 지휘하에 작전에 종사하거나 동원되었거나 훈련을 받는 기간에 한하여 군복을 착용한다. 전항의 기간 중에는 군사에 관한 법령의 적용을 받는다.

제10조 국민방위군의 병력, 배치, 편성, 훈련 및 소속 사관 사병의 임면, 복무연한 기타 필요한 사항은 본 법에 규정된 이외는 대통령령으로 정한다.

제11조 본 법의 규정은 병역법의 규정을 배제할 수 없다.

부 칙

본 법은 공포한 날로부터 시행한다.

청년방위대 등 군사유사단체는 본 법 시행일로부터 해체한다.

□ 국민방위국 창설에 관한 국방부 일반명령 제6호(1951. 1. 10)

1. 일시: 1951. 1. 10
2. 근거: 국본 일반명령(육) 제6호(1951. 1. 10), 국방부장관 신성모
3. 내용

① 기구 확장

1951년 1월 1일 영시(零時)부로 육군본부에 국민방위국을 설치한다.

② 편성 및 장비

편성 및 장비는 TO/E 300－NG에 의함(장교 117명, 사병 321명)

③ 국장임명: 육군준장 이한림(李翰林) 군번 10056을 국장으로 임명한다.

④ 임무

육군본부의 특별참모부로서 국민방위군에 관한 군사·민사 사항의 전반을 관할한다.

⑤ 인사사항

인원차출은 청년방위대 고문단의 편성인원으로서 편성하고 부족인원은 인사국에서 보충

⑥ 보급 및 장비사항: 군수국에서 담당한다.

⑦ 보고

임명되는 국민방위국장(또는 선임장교)은 1951년 1월 10일까지 편성인원 명부를 육군본부 고급부관에게 제출하라.

⑧ 실행보고

국민방위국장은 차(此) 명령 실행완료와 동시에 육군본부 고급부관에게 실행보고서를 제출하라.

□ 국민방위군 사건 제2차 판결문(1951. 7. 19)

본적: 함경남도 함주군 상천면 오로리 940번지
소속: 전 국민방위군사령부 사령관 육군준장 200427 김윤근(당 43세)

본적: 서울특별시 종로구 계동 121번지의 3
소속: 전 국민방위군사령부 부사령관 육군대령 200430 윤익헌(당 46세)

본적: 함경남도 흥남시 구룡리 15번지의 173
소속: 전 국민방위군사령부 재무실장 방위중령 508881 강석한(당 34세)

본적: 서울특별시 동대문구 휘경동 259번지
소속: 전 국민방위군사령부 조달과장 방위소령 500708 박창원(당 30세)

본적: 함경남도 흥남시 출운동 157번지의 2
소속: 전 국민방위군사령부 보급과장 방위중령 500588 박기환(당 33세)

본적: 충청남도 대덕군 유성면 봉명리 74번지
소속: 전 국민방위군 대전 제10단 단장 방위대령 150534 송필수(당 33세)

상기 피고인 등에 대한 비상사태하 범죄처벌에 관한 특별조치령 사건을 서기 1951년 4월 30일부(육본특명 갑 제368호), 7월 5일부(육본특명 갑 제441호)에 의하여 설치된 군법회의는 검찰관 육군중령 김태청, 동 육군소령 김동섭, 동 육군대위 양태동, 동 검사 서병균 관여 심리한 결과 하기와 같이 판결함.

1. 주문(主文)

판정

피고인 김윤근: 1950년 12월부터 1951년 3월 말경까지 간에 금 1억 2천만 원을 소비하여 부정처분하였음에 유죄. 공문서인 지출결의서 구매 요구서 허위작성 및 행사에 국한하여 유죄.

피고인 윤익헌: 1950년 12월부터 1951년 3월 말경까지 간에 금 1억 2천만 원을 소비하여 부정처분하였음에 유죄. 공문서 위조행사에 국한하여 유죄. 이종상에 대하여 '백지 백톤을 즉시 인도하라 인도치 않으면 총살한다'고 위협하여 갱지 10톤을 갈취하였음에 국한하여 유죄.

피고인 강석한: 1950년 12월부터 1951년 3월 말경까지 간에 금 1억 2천만 원을 소비하여 부정처분하였음에 유죄. 공문서 위조행사에 국한하여 유죄.

피고인 박창원: 피복보조금 부분에 국한하여 유죄.

피고인 박기환: 1950년 12월부터 1951년 3월 말경까지 간에 금 1억 2천만 원을 소비하여 부정처분하였음에 유

죄. 공문서 위조행사에 국한하여 유죄

피고인 송필수: 무죄

판결: 피고인 김윤근 사형, 윤익헌 사형, 강석한 사형, 박창원 사형, 박기환 사형

2. 판결 이유

합법적인 증거에 의하여 주문과 같이 판정하여 해(該) 판정의 기초위에 각 피고인의 범정(犯情)을 살피건대 서기 1950년 6월 25일 북괴의 침공으로 아 대한민국의 존망이 오로지 군전투력의 우열과 국내외 신망에 의존하였으매, 군인된 자는 모름지기 이를 자각 인식하여 질실(質實) 강건 청렴결백으로써 멸적전선(滅敵戰線)에 솔선 정신하여야 할 것임에도 불구하고 피고인 등은 아(我) 민족으로서 또는 아(我) 군인으로서 당연히 포지(抱持)하여야 할 차(此) 정신을 망각하고 다대한 국재(國財)를 위법소비하고 막대한 군량을 부정처분함으로써 국민경제를 요란시켰으며 멸공감투(滅共敢鬪)의 성의에 운집한 애국청년의 참화에 일인(一因)이 되어서 국군의 단결과 신망에 지대한 손상을 주고 병역기피, 군민 이간 등의 악영향을 초래하였음.

피고인 등의 과거 청년운동에 있어 그 공적을 긍인하지 않는바 아니나 기 범죄결과의 중대성과 아 민족, 아 민국의 무궁한 번영발전을 위하여 읍참마속(泣斬馬謖)한 공명(孔明)의 심경으로써 이에 주문과 같이 판결함.

1951년 7월 19일

육군중앙고등군법회의

재판장 육군준장 심언봉

법무사 육군대령 계철순

심판관 육군준장 김형일, 육군준장 정진완, 육군준장 안춘생, 육군대령 이용문,

육군대령 박병권

□ 국민방위군 재산정리위원회 해체 관련 육본일반명령 第103號(1952. 6. 5)

관련 근거: 육본일반명령 第103號(1952. 6. 5)

국민방위군 재산정리위원회 해체

1. 1952년 6월 7일 영시부로 육본일반명령 第154號(1951. 10. 18)로 설치된 국민방위군 재산정리위원회를 해체한다.
2. 국민방위군 재산정리위원회 위원장은 관계서류 및 잔무를 아래와 같이 인계하라.
   업무전반(실적) 군수국장에게
   병기관계 병기감에게
   병참관계 병참감에게
   의무관계 의무감에게
   통신관계 통신감에게
   재무관계 재무감에게
3. 군수국장은 각 관계감의 서류 및 잔무 인수결과에 관한 종합

보고서를 1952년 6월 15일까지 고급부관에게 제출하라.

육군 총참모장 육군중장 이종찬

□ 국민방위국 해체 및 예비사단 창설 관련 육본일반명령 제51호(1951. 5. 2)

근거: 육본일반명령 제51호(1951. 5. 2)

1. 부대창설: 1951년 5월 5일 영시부로 다음 부대 창설을 확인한다.

제101사단(예비)	제102사단(예비)	제103사단(예비)	제105사단(예비)	제106사단(예비)
사단사령부(예비) 마산	사단사령부(예비) 통영	사단사령부(예비) 울산	사단사령부(예비) 창녕	사단사령부(예비) 여수
제101 · 102연대 (예비) 마산 제103연대(예비) 진주	제105 · 106연대 (예비) 통영 제107연대(예비) 삼천포	제108연대 (예비) 방어진 제109연대(예비) 온양면 남창리 제110연대(예비) 서생면 신암리	제111연대 (예비) 창녕 제112연대 (예비) 밀양 제113연대 (예비) 청도	제115 · 116연대 (예비) 여수 제117연대 (예비) 순천

2. 부대해체

① 1951년 5월 5일 영시부로 육군본부 국민방위국을 해체한다.

② 국민방위국 소속 인원 및 장비는 예비 제5군단 및 예비사관학교에 편입한다.

육군총참모장 육군중장 정일권

3. 국민방위군 편성 및 간부 현황

□ 국민방위군사령부 지휘부 및 참모부 편성과 간부 현황

구분			계급	임관근거(임관일)	군번	대한청년단 직책	청년방위대 직책	비고
지휘부	사 령 관	김윤근	육군 준장	국특 제93호 (50.10.20)	200427	단 장	사 령 관	전역구분: 형확정자 (제적)(40－4), 사형
	부사령관	윤익헌	육군 대령	국특 제50호 (51.1.22)	200430	총무국장	경리국장	전역구분: 형확정자 (제적)(40－4), 사형
	참 모 장	박경구	육군 중령	(50.9.3)	200429	감찰국장	부사령관	51.3.3 참모장 임명
일반참모부	인사처장	유지원	육군 중령	(50.9.3)	200428	훈련국장	총무국장	면관(51.8.2): 육특 제493호
	정보처장	문봉제	·	·	·	부 단 장	·	·
	작전처장	이병국	육군 소위	·	·	선전부장	·	·
	군수처장	김 희	·	·	·	외사부장	·	·
특별참모부	휼병실장	김연근	·	·	·	·	의무실장	·
	재무실장	강석한	방위 중령	·	508881	경리부장	·	51.8.13 사형
	후생실장	김두호	육군 소위	·	·	·	·	·
	조달과장	박창원	방위 소령	·	500708	·	·	51.8.13 사형
	보급과장	박기환	방위 중령	·	500588	·	·	51.8.13 사형
	정훈실장	·	·	·	·	·	·	·
각단	제5단장	·	·	·	·	·	·	국민방위군 전사자명부
	제10단장	송필수	방위 대령		150534	·	·	·
	제13단장	이인목	방위 대령	13단 군수참모 서영덕 씨 증언	·	·	·	『육군전사』 제2권 (육군본부, 1954, p.80)
	제20단장	·	·	·	·	·	·	
	제19단장	·	·	·	·	·	·	『작전일지』 제91권 (육군본부, 1990, p.1115)

□ 국민방위국장 현황

계급/성명 (군번)	보직 기간	근 거	비 고
준장 이한림 (10056)	51.1.4~1.14	육일명 제3호	국본 일반명령(육) 제6호(1951.1.10)에는 국민방위국장으로 보임된 것으로 되어 있으나, 육일명 제3호에는 총참모장 보좌관 겸 청년방위고문단장으로 되어 있는데, 이는 국민방위국장을 청년방위고문단장으로 잘못 표기한 것으로 보인다.
준장 장창국 (10013)	51.1.14~4.27	육일명 제6호	51년 1월 14일에 일반참모 비서장 겸 방위국장으로 임명됨.
준장 김종갑 (10030)	51.3.3~5.5	육본 특 제183호	예비 제5군단 부군단장(51.5.5), 제5군단장 대리 겸무(51.8.1)

□ 국민방위사관학교장 현황

계급/성명 (군번)	보직 기간	근 거	비 고
대령 강태민 (13508)	50.11.12~	육본특명 제264호	육특 제264호에 의거 50년 11월 12일부로 청년방위대학교장으로 임명되었으나 국민방위사관학교 설치와 함께 방위사관학교장이 됨.
대령 이희권 (10082)	51.3.1~5.1	육본일반 명령 제6호	육일명 제51호에 의거 51년 5월 2일부로 예비 제5군단 편입과 동시 육군예비사관학교장으로 임명됨.

□ 국민방위군 사단 및 연대 편성

구 분		지휘관 인적사항		비 고
		직책/계급/성명	재직기간	
사단	제 1 사단	사단장 대령 김응조	1951.1.3～	육군본부, 『한국전쟁사료: 전투명령』 제63권, 1987, pp. 629－632 ; 육본작명 제258호 수정훈령 제8호
사단	제 2 사단	사단장 대령 장두권	1951.1.3～	「육군본부 작전일지」(1951.1.21) ; 육군본부, 『한국전쟁사료: 작전일지』 제91권, 1990.
사단	제 3 사단	사단장 대령 권 준	1951.1.6～	
사단	제 5 사단	사단장 대령 김관오	1951.1.15～	·
사단	제 6 사단	사단장 대령 박시창	1951.1.15～	·
사단	제 7 사단	사단장 대령 김정호	1951.1.25～	·
사단	제 8 사단	사단장 대령 유승열	1951.1.26～	·
사단	제 9 사단	사단장 대령 장석륜	51.2.4～51.3.1	장석륜의 장교자력표(군번 10004)
사단	제10사단	사단장 대령 오광선	1951.2.4～	·
사단	제11사단	사단장 대령 이영순	51.2.5～3.1	이영순의 장교자력표(군번 10009)
연대	제 1 연대	연대장 대령 이영순	51.1.10～?	이영순의 장교자력표(군번 10009)
연대	제 2 연대	·	·	• 「육군본부 작전일지」(1951.1.21) • 육군본부, 『한국전쟁사료: 작전일지』 제91권, 1990.
연대	제 3 연대	연대장 중령 김무룡	·	• 안동지역 공비토벌작전 참가 – 기간: 51.2.17～51.4.25 – 임무: 주보급로 경계 및 공비소탕작전

□ 국민방위군 교육대 편성

교 육 대 명	교육대 위치	비 고
방위군 제3교육대	달 성	교육대장 방위소령 김삼문
방위군 제5교육대	방어진(?)	『육군전사』 제2권(1954, p. 80), 방위군 전사자 연명부
방위군 제7교육대	상 주	방위군 전사자 연명부
방위군 제8교육대	진 주	방위소위 홍사중 씨 증언

교 육 대 명	교육대 위치	비 고
방위군 제9교육대	대 구	방위군 전사자 연명부
방위군 제11교육대	창 원	방위병 한창섭 씨 증언, 방위군 전사자 연명부
방위군 제15교육대	마 산	방위중령 박철, 방위군 전사자 연명부
방위군 제17교육대	남 해	방위병 양정희 씨 증언
방위군 제21교육대	마 산	방위군 전사자 연명부
방위군 제23교육대	경 산	방위소령 함기환 씨 증언
방위군 제25교육대	·	수사과장 윤우경 중령 증언
방위군 제26교육대	영 천	방위군 전사자 연명부
방위군 제27교육대	·	방위대령 임병언
방위군 제50교육대	함 양	방위군 전사자 연명부
방위군 제56교육대	·	방위소위 양관석 증언
방위군 제58교육대	마 산	방위군 전사자 연명부
·	구 포	방위소위 홍사중 씨 증언
·	의 령	방위병 임도길 씨 증언
·	경 주	이시영 부통령 시찰(51년 4월)
·	고 성	방위병 조달성 씨 증언
·	동 래	방위병 김정수 씨 증언
·	울 산	방위병 장을병 씨 증언
·	하 동	하동 교육대장 차연홍 씨 증언
·	김 천	·
·	삼랑진	육군 검찰관 김태청 씨 증언
·	상 주	방위군 전사자 연명부, 방위군 참모장 박경구 씨 증언
·	삼천포	방위소위 홍사중 씨 증언
·	사 천	
·	제주도	교육대장 방위대령 강성건
·	밀 양	방위소위 홍사중 씨 증언
·	김 해	방위병 임쾌중 씨 증언

4. 국민방위군 관련 연표

연월일	주 요 내 용	비 고
1950. 11. 20	국민방위군설치법안 국회 제출	국민방위군 설치법안 이송의 건
12. 15	국민방위군설치법안 국회 본회의 상정 (외무분과위원장 지청천 의원)	·
12. 16	국민방위군설치법안 국회 본회의 통과	전문 11조 및 부칙
12. 21	국민방위군설치법 공포	법률 제172호
1951. 1. 1	국민방위국 설치(초대국장 이한림 육군준장)	국본일반명령(육) 제72호
1. 10	국민방위군 사령관 담화 발표	『동아일보』, 1951. 1. 10.
1. 15	국민방위군 참상 국회에서 본격적 의제로 등장 ※ 이종욱 의원 외 14인, '제2국민병 처우에 대한 긴급 동의안' 제출	국회 13인 특별위원회, '제2국민병 개선책' 준비
1. 16	국회, '제2국민병 처우개선 건의안' 채택(6개항)	『제10회 국회정기회의 속기록 7호』, 16~17.
1. 21	국민방위군사령관 방위군 참상을 '불순분자들의 소행'으로 규정	·
1. 26	국방부장관(신성모) 국회에서, '5열 선전'에 흔들리지 말라고 답변	·
1. 29	국민방위군 편성예산 국회제출(1·2·3월분 예산) ※ 제출 예산액(추가예산): 209억 830만 원	50만 명분 예산
2. 8	국민방위군사령관 국민방위군 예산통과에 따른 담화문 발표	·
2. 17	국민방위군 36세 이상 장정 귀향 조치	·
3. 25	국민방위군 26세 이상 장정 귀향 조치	·
3월 하순	육군헌병사령부 국민방위군 수사 착수	윤우경 헌병 중령
3. 29	• 국회진상조사위원회 구성 제의(부정처분액 15억 원 의혹 제기) • 국민방위군 의혹사건 국회특별조사위원회 구성(15명)	공화구락부 엄상섭 의원, 긴급동의로 위원회 구성
3. 30	국민방위군 12만 명 교육대에서 해산	·
4. 15	국민방위군사령관, '방위군 입장 호소 및 자체정화 담화문' 발표	·
4. 25	국민방위군 의혹사건 국회특별조사위원회 중간발표	공화구락부 서민호 의원

연월일	주 요 내 용	비 고
1951. 4. 30	국민방위군 폐지법안 국회 통과 (재석의원 152명 중 찬성 88, 반대 3)	·
5. 4 ~5. 6	• 5. 4~5. 5: 중앙고등군법회의, 국민방위군 사건 심리 • 5. 6: 국민방위군 사건 연루자 선고(16명) ※ 실형(4명), 파면(10명), 무죄(2명)	재판장(이선근, 정훈국장) 국방경비법 적용
5. 7	• 국민방위군 의혹사건 국회특별조사위원회 종합 발표 ※ 국민방위군 예산 209억 830만 원 중 138억 원만 국민방위군사령부로 전달 • 국민방위군 의혹사건 조사처리위원회 구성(위원장 조봉암 국회부의장)	공화구락부 태완선 의원
5. 8	국방부장관(이기붕) 헌병사령부에 국민방위군 사건 재수사 지시 ※ 5. 5일 신성모 전 국방부장관 사표 수리	5월 7일, 이기붕 국방부장관 취임
5. 9	국회부의장(이시영), 사임서 국회 제출	시위소찬(尸位素餐) 성명서 발표
5. 12	국민방위군 폐지법(법률 제195호) 공포	·
5. 17	국민방위군 해체 완료	5월 5일부로 예비제5군단 창설
6. 11	헌병사령관 최경록 육군준장 수사결과 발표 ※ 부정처분 액수: 현금(24억 2700여만 원), 양곡(1,800 가마)	·
7. 5	육군중앙고등군법회의 개정 ※ 국민방위군 사건 재판: 비상사태하 범죄처벌에 관한 특별조치령 사건	재판장(심언봉 육군준장) 비상조치법 적용
7. 18	구형 공판(사형: 5명, 징역 5년: 1명)	·
7. 19	언도 공판(사형 5명: 형 확정, 징역 5년: 무죄 선고)	·
8. 13	국민방위군 간부 5명 공개총살형으로 사형 집행	대구 근교

참고 문헌

1. 1차 사료

정부기록보존소 소장, 「국민방위군 설치법안 이송의 건」.
국방부 군사편찬연구소 소장, 『한국전쟁 참전자 증언록』(미발간).
국방부 군사편찬연구소 소장, 『장교임관 현황철』(미발간).
국방부 군사편찬연구소 소장, 「장교 출신별 · 일자별 · 군번별 임관자료」.
「병역법시행령(대통령령 제1452호) 제107조」, 1959. 2. 18.
『국민방위군 사령관 및 부사령관 장교 자력표』.
「국민방위국 설치 명령」(국본 일반명령(육) 제6호, 1951. 1. 10).
「국민방위국 편제표」(국본 일반명령(육) 제6호, 1951. 1. 10).
「국민방위국에 특별명령 발령권」(국본 일반명령(육) 제21호, 1951. 2. 1).
「국민방위군에 대한 고등 및 특설군법회의 설치권」(국본일반명령(육) 제80호, 1951. 4. 22).
「예비 제5군단 창설」(육본일반명령 제51호, 1951. 5. 2).
「국민방위군 재산정리위원회 해체」(육본 일반명령 제103호, 1952. 6. 5).
육군본부 법무감실 소장, 「피고인 김윤근 등의 국민방위군 사건 판결문」.
「김윤근 장교자력표」(사본)(육군본부 소장).
전(前) 국민방위군부사령관 윤익헌의 부인 김순정(金順鼎) 씨가 국회의장(신익희)에게 보낸 「진정서」(1951. 8. 9).
육군중앙문서단, 『국민방위군 장교연명부』(3,288명).
「피고인 김윤근 등의 국민방위군사건 판결문」.
「국민방위군 사건: 전 헌병사령관 최경록 장군 증언」.
서울국립현충원, 「국민방위군 전사자명부 확인 명단 송부」(현충 33166－162), 2001. 4. 17.
제주 서귀포시청 소장, 「전 제주도 강정리 수용소 감찰대장 박승억(朴承億) 씨 증언」, 1993.
제주서귀포시청 소장, 「진정민원 사안에 대한 사실조사결과: 6 · 25당시 제2국민병 수용사실 여부에 관하여」, 1993. 11.

2. 대한민국 국회속기록

『제9회 국회임시회의 속기록』 제6호, 1950. 12. 16.
『제10회 국회정기회의 속기록』 제7호, 1951. 1. 16.
『제10회 국회정기회의 속기록』 제13호, 1951. 1. 23.
『제10회 국회정기회의 속기록』 제16호, 1951. 1. 29.
『제10회 국회정기회의 속기록』 제19호, 1951. 2. 1.
『제10회 국회정기회의 속기록』 제49호, 1951. 3. 23.
『제10회 국회정기회의 속기록』 제53호, 1951. 3. 28.
『제10회 국회정기회의 속기록』 제54호, 1951. 3. 29.
『제10회 국회정기회의 속기록』 제56호, 1951. 3. 31.
『제10회 국회정기회의 속기록』 제64호, 1951. 4. 25.
『제10회 국회정기회의 속기록』 제69호, 1951. 4. 30.
『제10회 국회정기회의 속기록』 제75호, 1951. 5. 7.
『제10회 국회정기회의 속기록』 제76호, 1951. 5. 8.
『제10회 국회정기회의 속기록』 제80호, 1951. 5. 12.
『제11회 국회임시회의 속기록』 제36호, 1951. 7. 30.
『제11회 국회임시회의 속기록』 제36호, 1951. 7. 30.

3. 대한민국 정부 관보

대한민국 정부 공보처, 『관보』 149호, 1949. 8. 6.
대한민국 정부 공보처, 『관보』 465호, 1951. 3. 27.
대한민국 정부 공보처, 『관보』 1045호, 1954. 1. 13.

4. 국방부 · 육군본부의 일반명령 및 특별명령

육군 중앙문서단 자료보존소 소장, 『육본 특별명령철』.

「국본일반명령(육) 제72호」, 1949. 11. 30.
「국본일반명령(육) 제72호」, 1949. 12. 17.
「육군본부 특별명령(갑) 제70호」, 1950. 3. 16.
「국방부령 임시 제2호」, 1950. 8. 16.
「국본특별명령(육) 제50호」, 1950. 8. 29.
「국본특별명령(육) 제59호」, 1950. 9. 12
「육군본부 특별명령(갑) 제240호」, 1950. 11. 5.
「국본 일반명령(육) 제6호」, 1951. 1. 1.
「육군본부 특별명령(갑)제4호」, 1951. 1. 2.
「국방부 일반명령(육) 제6호」, 1951. 1. 10.
「육군본부 특별명령(갑) 제35호」, 1951. 1. 11.
「육군본부 특별명령(갑) 제52호」, 1951. 1. 15.
「육군본부 훈령 제160호」, 1951. 1. 17.
「육군본부 특별명령(갑) 제60호」, 1951. 1. 17.
「육군본부 특별명령(갑) 제87호」, 1951. 1. 24.
「육군본부 작전명령 제258호」, 1951. 1. 30.
「육군본부 작전지시 제42호」, 1951. 2. 2 .
「육군본부 특별명령(갑) 제133호」, 1951. 2. 11.
「육군본부 특별명령(갑) 제144호」, 1951. 2. 15.
「육군본부 작전계획 제24호」, 1951. 4. 29.
「육군본부 일반명령 제51호」, 1951. 5. 2.
「육군본부 일반명명 제49호」, 1951. 5. 5.
「육군본부 일반명령 제103호」, 1952. 6. 5.

5. 국내 주요 신문

『동아일보』, 『조선일보』, 『경향신문』 1950. 12. 19～1951. 5. 22.
『동아일보』 1949. 4. 10.
『동아일보』 1949. 4. 24.
『동아일보』 1950. 12. 18.
『동아일보』 1950. 12. 22.

『동아일보』 1951. 1. 21.
『동아일보』 1951. 4. 4.
『동아일보』 1951. 7. 31.
『동아일보』 1951. 8. 13.
『동아일보』 1955. 4. 21.
『조선일보』 1948. 10. 31.
『조선일보』 1950. 1. 8.
『조선일보』 1950. 3. 12.
『조선일보』 1950. 4. 2.
『조선일보』 1950. 12. 17.
『조선일보』 1950. 12. 18.
『경향신문』 1951. 12. 22.
『경향신문』 1950. 12. 22.
『부산일보』 1949. 7. 3.
『부산일보』 1949. 1. 20, 2. 11.
『영남일보』 1951. 1. 31(국민방위군 교육대 순방기).

6. 대한민국 및 미국정부 공간(公刊) 자료

국방관계법령집 발행본부, 『국방관계법령 및 예규집』 제1집, 1950.
국방부, 『국방부사』 제1집, 1954.
국방부 전사편찬위원회, 『한국전쟁사』 제1권, 1967.
국방부 전사편찬위원회, 『한국전쟁사』 제2권, 1979.
국방부 전사편찬위원회, 『한국전쟁사』 제5권, 1971.
국방부 전사편찬위원회, 『대비정규전사, 1945～1960』 1988.
국방부 전사편찬위원회(역), 『미 합동참모본부사』 상, 1990.
국방군사연구소, 『국방정책 변천사, 1945～1994』, 1995.
국방군사연구소, 『한국전쟁』 중, 1987 .
국방군사연구소 편, 『Intelligence Report of the Central Intelligence Agency』 16～17권, 1997.
국방군사연구소 편, 『The US Department of State Relating to the

Internal Affairs of Korea』 53～59권, 1999/2001.
United States Department State, *Foreign Relations of the United States, 1951: Korea and China*(in two parts Part 1), (Washington D.C.: United States Government Printing Office), 1983.
국방군사연구소 편, 『The US Department of State Relating to the Internal Affairs of Korea』 56, 1999.
국방부 군사편찬연구소 소장, 『History of the North Korean Army』(미간행).
공군본부, 『공군사』 제1집, 1992.
내무부 통계국, 『대한민국 통계연감』, 1953.
병무청, 『병무행정사』 상, 1985.
육군본부, 『육군전사』 제2권, 1954.
육군본부, 『6 · 25사변 후방전사』 인사편, 1956.
육군본부, 『육군인사』 제1집, 1969.
육군본부, 『육군발전사』 상, 1970.
육군본부, 『한국전쟁사료: 전투명령』 제63권, 1987.
육군본부, 『한국전쟁사료: 작전일지』 제91권, 1990.
육군본부, 『한국전쟁 시 학도의용군』, 1994.

7. 2차 자료

James F. Schnabel, Robert J. Watson, *The History of the Joint Chiefs of Staff, Joint Chiefs of Staff*, 1978.
Office of Chief of Military History Department of the Army, *Military Advisors in Korea: KMAG in Peace and War*, Washington, D.C., 1962.
Michael Martain and Leonard Gelber, *Dictionary of American History*, Totowa, N.J.: Littlefield, Adams & Co, 1965.
건국청년운동협의회, 『건국청년운동사』 1990.
김교식, 『광복 20년』 제14권, 계몽사, 1972.
김석원, 『노병의 한』 육법사, 1977.

김세중, 「국민방위군 사건」, 『한국과 6·25전쟁』 연세대 현대한국학연구소, 2000.
김중희, 「6·25와 국방장관 신성모」, 『월간조선』 1982년 6월호.
김태청, 「국민방위군의 기아행진」, 『신동아』 1970. 6, 동아일보사, 1970.
동아일보사 편, 『비화 제1공화국』 제2권, 홍우출판사, 1975.
류상영, 「초창기 한국경찰의 성장과정과 그 성격에 관한 연구(1945~1950)」, 연세대 정치학과 석사학위논문, 1987.
류재신, 『제2국민병』, 책과 공간, 1999.
백선엽, 『군과 나』, 대륙연구소 출판부, 1989.
부산일보사, 『임시수도 천일』 상, 1983.
부산일보사 편, 「국민방위군 사건」, 『임시수도 천일』 상, 부산일보사, 1983.
송도영(외), 『20세기 서울 현대사』, 서울학연구소, 2000.
이한림, 『세기의 격랑』, 팔복원, 1994.
이형근, 『군번 1번의 외길 인생』, 중앙일보사, 1993.
유재흥, 『격동의 세월』, 을유문화사, 1994.
중앙일보사 편, 「국민방위군 사건」, 『민족의 증언』 제3권, 을유문화사, 1972.
한신, 『신념의 삶속에서』, 명성출판사, 1994.
해방20년사 편찬위원회 편, 『해방20년사』, 희망출판사, 1965 .
호국군사관학교총동창회, 『호국군사』. 경희정보인쇄, 2001.
홍사중, 「국민방위군 사건」, 『전환기의 내막』, 조선일보사, 1982.
한용원, 『창군』, 박영사, 1984.
한표욱, 『한미외교 요람기』, 중앙일보사, 1984,

찾아보기

남정옥

■ 약 력

충남대학교와 단국대학교에서 미국 현대사 전공
단국대학교 대학원 사학과(문학박사)
현재 국방부 군사편찬연구소 책임연구원, 우남이승만연구회 이사

■ 주요 논문 및 저서

『한미군사관계사』
『한국전쟁사의 새로운 연구』(공저)
『6.25전쟁사』(공저)
『알아봅시다! 6.25전쟁사』(공저)
『전투지휘의 실과 허』(번역)
「한국전쟁 주요 10대 전투고찰」
「국민방위군」
「미국 군사전략의 발전과 분석 고찰」
「미국의 마샬(Marshall) 계획과 유럽통합정책」
「미국 트루먼 행정부의 대유럽정책」
「미국의 국제전쟁 개입원인과 국가안보」
「한국전쟁시 미국 합동참모본부의 역할」
「6 · 25전쟁시 주일미군의 참전결정과 한반도 전개」
「6 · 25전쟁 초기 미국의 정책과 전략, 그리고 전쟁지도」
「6 · 25전쟁시 미국 지상군의 한반도 전개방침과 특징」
「6 · 25전쟁의 주요 전투에 나타난 국가수호정신」
「한국전쟁시 남북한 점령지역 정책과 민사작전 분석」
「6 · 25전쟁기 북한의 게릴라전 지도와 수행」
「태평양전쟁기 이승만 박사의 군사외교와 활동」
「6 · 25전쟁시 이승만 대통령의 국가수호노력」
「6 · 25전쟁시 이승만 대통령의 전쟁지도(戰爭指導)」
「이승만 대통령 기록물 이해」
「건군 전사: 건군 주역들의 시대적 배경과 군사경력」 외 다수

6·25 전쟁시 예비전력과 국민방위군

초판인쇄 | 2010년 3월 5일
초판발행 | 2010년 3월 5일

지은이 | 남정옥
펴낸이 | 채종준
펴낸곳 | 한국학술정보㈜
주　소 | 경기도 파주시 교하읍 문발리 파주출판문화정보산업단지 513-5
전　화 | 031) 908-3181(대표)
팩　스 | 031) 908-3189
홈페이지 | http://www.kstudy.com
E-mail | 출판사업부 publish@kstudy.com
등　록 | 제일산-115호(2000. 6. 19)

ISBN 978-89-268-0856-6 93390 (Paper Book)
978-89-268-0857-3 98390 (e-Book)